U0397504

生活中的生物学

柳德宝 著

小昆虫，大智慧

华东师范大学出版社

序言

在生活中，只要细心观察、勤于思索，就不难发现身边有趣的生物学难题，比如：蚕宝宝为什么爱吃桑叶、会吐丝，米蛀虫为什么可以不喝水，苍蝇为什么难打，跳蚤为什么难捉。生物界充满趣味盎然的爱恨情仇，由此产生奇妙的动物共生与相克，其间小蜘蛛居然能智斗大蛇而取胜，植物不靠农药却能吃掉害虫，克隆了猴子又能克隆大熊猫……物种演绎出丰富而精彩的生命现象。在19世纪科学研究的基础上，在孟德尔（G.Mendel）研究的基础上，摩尔根（T.Morgan）成了现代遗传学的鼻祖。后来学者又提出了基因学说，促使如今科学家在分子水平上研究生物学并取得了突破性的进展。

历经几十年的学术科研、普及提高工作，生物学已拓展成包括分子生物学在内的生命科学，它与自然科学中的各种学科纵横交叉，构成了一门综合性的学科。以此学科为导向，我“学而时习之”、“温故而知新”，从没间断过对这门学科的学习和关注，尤其是对昆虫学这门专业的学习。我关注国内外的相关创新、发现，不断地进行文献摘录、积累资料、编制卡片。在长年累月的学习研究中，更参考其中的昆虫生态学、生理学知识，编写了不少喜闻乐见的普及文章。

在这套“生活中的生物学”丛书的编辑工作中，华东师范大学出版社聘请中科院上海生命科学研究院青年硕士唐艳同学为本人整理书稿。她在对书中章、节的编制整理上，充分发挥了她的特长。她以坚实的生物学基础，以浓厚的兴趣，不顾体倦神疲，全身心地投入，精细地编目辑录，使书稿凸显出层次、系列，使我从中获得启迪。谨致谢意。此书部分彩照为曹明先生所赠，亦致谢忱。

柳德宝

2018 年 7 月 5 日

第一章 小昆虫，大故事

第二章 遨游昆虫世界

第一章

小昆虫，大故事

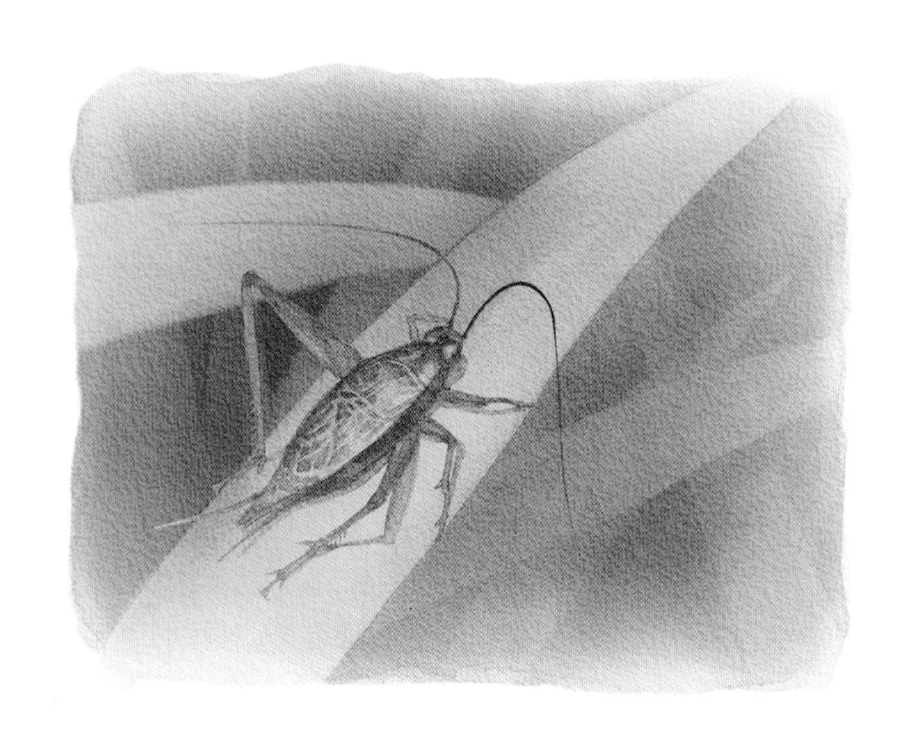

昨夜庭前叶有声，篱豆花开蟋蟀鸣。

——［宋］翁森《四时读书乐》

（图片来源：全景）

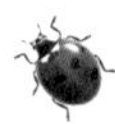

古老的昆虫

大千世界在亿万年的变迁中有着昆虫的许多故事。

昆虫比人类的发展史更悠久，甚至比恐龙的问世还要早呢！虽然考古学家尚未确定最原始的昆虫是什么样的、属于什么时代，但已能肯定在距今 3.5 亿年前就有大批的昆虫飞翔或爬行在地球的上空和陆地。

蜻蜓是现在存在的最古老的昆虫之一。

蜻蜓是现在存在的最古老的昆虫之一。不过，那时的蜻蜓在昆虫中可是个庞然大物，身体的长度且不说，其展开的两对翅的宽度就超过了现存的任何昆虫的翅宽。古代的蜻蜓翱翔在天空，躯体犹如飞鸟那么大，那时的巨型食肉兽，只要吃到几只蜻蜓，就可暂时填饥了。

随着蜻蜓的出现，蟑螂、蟋蟀、蚱蜢、蝉、

蟋蟀
（图片来源：全景）

甲虫也逐渐多了起来，不过它们的体型都比现在的昆虫大，还壮。

那时的大蟋蟀翅长有15厘米，由此推断，从它的发音器所发出的声音，震耳欲聋，在1.6公里的地方都能听到它的喧闹声。

到了1.3亿年以前，随着开花植物在地球上的出现，那些专门为开花植物授粉的昆虫如蝴蝶、蛾子、蜜蜂、蝇等已处处繁衍，它们在生物世界里扮演着各种不同的角色。

被誉称为“大刀将军”的螳螂，它的祖先曾和恐龙共同生活在一个时代里。在自然界的变迁过程中，庞大的恐龙在地球上消失了，而幸运的螳螂却历经各种劫难，存活至今，顽强地生活着，如今螳螂的容貌长相与4万年前的螳螂祖先面目几乎相似。

“大刀将军”——螳螂

在地中海、波罗的海的海滩边，现代社会的旅游者们，在那里偶而可以捡到各种古老的琥珀昆虫化石。

原来在千万年前，那里是一望无际的大片松林，松树的松香油把过往的各类昆虫粘住，

各种各样、多彩多姿的琥珀渐渐成形了。

类似这样的古代昆虫化石，还有甲虫、飞蝇、蜘蛛、蜻蜓、蜜蜂、蟑螂等。

琥珀里多姿多彩的昆虫

在这些晶莹透明的石头内，这些昆虫有的振翅欲飞，有的匍伏如睡，有的似乎还在格斗撕咬，情态真切，栩栩如生。在我国的抚顺煤矿，早在2000多年前的汉代，劳动人民在挖掘煤炭时，就发现了种类繁多、保存完好的琥珀昆虫化石，当时还用作药物治病呢！有的琥珀还用作高雅的装饰品，成了珍贵的收藏品。

小虫遨游大自然

在大自然的景观中，昆虫有着千奇百怪的样子：青草中的蚱蜢，浑身碧绿；尺蠖虫像树枝；飞行中的苍蝇和蜻蜓，将地面上的一切，齐收眼底；没有肺和鳃的昆虫，能畅游在水里。昆虫虽小，它们具有的本领却引人瞩目，发人深思。

夜深人静，躲在鸡舍缝隙内的小小鸡虱，就像值“夜班”似地钻出来，爬向正在酣睡的温暖的鸡身，品尝美味的鸡血。待到东方欲晓，鸡起身离舍，活动后体温升高，此时鸡虱预感到忍受不住升高的温度，以及鸡身走动、扑打两翼的摩擦震动。于是，鸡虱又返回到缝隙中躲藏起来，等待着夜晚的来临。这说明鸡虱对温度变化的灵敏度极高，它对鸡身上挥发的热量特别敏感，而它头上一对触须虽只有百分之

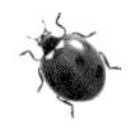

一厘米长，却能正确无误地测知方向和温度的变化。

地球上最早出现的昆虫要首推蜻蜓了，蜻蜓是现存最古老的昆虫之一，在距今 3 亿 5 千万年以前，便已出现了。那时的蜻蜓在昆虫中可算是庞然大物，身体的长度不说，左右展开的两对翅，宽度竟有 27 英寸长（约合 3 市尺），超过了现在的任何昆虫的翅宽。据说，蜻蜓的翅开始时并不大，它行动极其迟缓，即使要飞，身体两边的短翅只能稍稍抖动一下。它的后代，使翅的发展日渐完善，便生存了下来。为了生存，它们不断学着飞翔。当时地球上已出现茂盛而高大的植物，为了适应在树与树之间的飞跃，它们练就了滑翔的能力，翅在空中有了浮力，便逐渐发育成了能飞翔的翅。由于食物来源广而且又丰富，蜻蜓的活动量大，进食多，体型也随之增大。

许多生活在水里的昆虫，一般晴天总是活跃在水底。一旦它忽上忽下，长时间浮在水

停在叶尖上的蜻蜓

达尔文像

面，就是在“预报”将要下雨了。原来它们的呼吸器官与众不同。人和动物都有肺，鱼有鳃，而昆虫常常通过皮肤呼吸。它们的胃肠除担负消化功能外，也能与血管协同呼吸。当天气变化，气压低，水中溶氧不足时，水里的昆虫就会不断地游上水面，使皮肤尽量露出水面进行呼吸。

这些奇妙的适应现象，都与气候的变化、温度和湿度的影响有着密切的关系。19 世纪伟大的生物学家达尔文，发表了生物与环境是在矛盾和斗争中发展的进化学说，提出在漫长的岁月里，只有适应自然的生物才能生存和发展。

到了 20 世纪，不少科学家更是利用了昆虫的适应性，创导了仿生学，如模仿苍蝇、蜻蜓的视觉特点，在人造卫星中装配了高空摄像仪，又借鉴水生昆虫呼吸的原理，发明了各种潜水机器，而昆虫的触角，为研制军用和民用的各种天线提供了科学依据。希望正在跨进科学门槛的读者，因此而受到启迪，成为 21 世纪新兴生物科学的探索者。

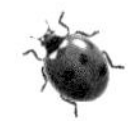

“十七年蝉”的来历

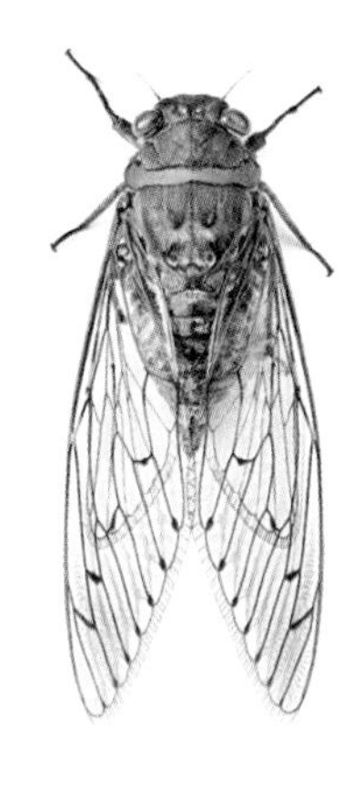

蝉

蝉，俗称“知了”，是一类古老的昆虫，在自然界有3000多种。蝉的幼虫在地下经过多次蜕壳出土上树，待最后一次蜕去硬壳后约3—4小时后就会振翅“鸣歌”了，可是它寿命很短，一般只能活一周左右，长的也不过3—4周，真可谓是“短命”了。那上树的雌蝉经交配后产卵在树枝上，两周后卵就孵化为幼虫，幼虫随即跌落地面钻入地下，穴居在树根深处，吸食根部的汁液，在地下过着漫长的“苦行僧”生活。

中国、印度和东南亚的蝉种，其多数幼虫在地下穴居5—9年。可是美洲有一种蝉在地下可生活17年之久，称为“17年蝉”。那么，幼虫为什么能在地下居住这么久呢？

美国的科学家发现，在美国，蝉至少有20

蝉从蛹里出来，就像从一副“盔甲”中爬出来，最终留下蝉蜕。

个不同的品种，每一种蝉都在遗传基因指导下，按照各自的时间表，繁衍后代。其中17年为一生命周期的“周期蝉”，分布在美国的东部和西部，而13年蝉则分布在密西西比峡谷和南部，其中17年蝉在暴发期可出现每亩高达150万个体的巨大群体，它们作为遵循着一种特别的生命循环周期的物种而生存着。

科学家认为，这种生物演化是一种遗传基因在起作用。可能在古代就已有了各种不同周期的蝉，它们经历了从第1年到第17年期间每一年的考验、竞争和选择，在第13年和第17年所遇到的天敌较少，于是在“适者生存”的漫长进化过程中，演化出了第13年和第17年两个年度出世的蝉种，从而形成了生存的优势。这两种蝉龄的蝉由于较少受到侵害，成活几率就高了，因此在美国的各种不同环境地域中形成了具有不同基因优势的周期遗传种。

“杀人蜂”的由来

蜜蜂

20世纪以来，媒体经常报道骇人听闻的巴西“杀人蜂”事件，据近年美国科学家对该蜂进行的遗传学研究，方知其来龙去脉。

由于南、北美洲土生土长的蜜蜂不尽如人意，因此早在16世纪就引进了既能产蜜又易饲养的欧洲蜜蜂。可是到了20世纪的50、60年代，一群非洲蜂被引进了巴西等美洲各地，与归化的欧洲蜂杂交。由于非洲蜂是从野生蜂发展而来的，其基因非常活跃，且繁殖力高，更是产蜜的好手。非洲蜂王与欧洲雄蜂“一见钟情”，速成伴侣，它们挤走了欧洲蜂王，在南美渐渐形成了非洲蜂的基因库。

随着时间的推移，大批杂交蜂侵入养蜂场中，迅速占据了中南美洲，在中南美洲1700多

蜻蜓的轶闻野趣

对从事科研和野外采集的人来说，记取昆虫的轶闻野趣也是一件乐事。暑期中，您也可寻找机会观察一下。

蜻蜓——捕蚊能手

单说蜻蜓就有几千种，比较大型的一类叫

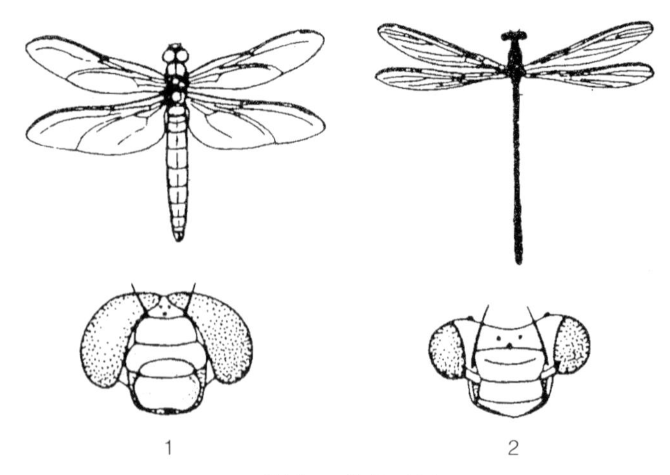

1. 蜻蜓　2.螅（豆娘）

“杀人蜂”的由来

蜜蜂

20世纪以来，媒体经常报道骇人听闻的巴西“杀人蜂”事件，据近年美国科学家对该蜂进行的遗传学研究，方知其来龙去脉。

由于南、北美洲土生土长的蜜蜂不尽如人意，因此早在16世纪就引进了既能产蜜又易饲养的欧洲蜜蜂。可是到了20世纪的50、60年代，一群非洲蜂被引进了巴西等美洲各地，与归化的欧洲蜂杂交。由于非洲蜂是从野生蜂发展而来的，其基因非常活跃，且繁殖力高，更是产蜜的好手。非洲蜂王与欧洲雄蜂“一见钟情”，速成伴侣，它们挤走了欧洲蜂王，在南美渐渐形成了非洲蜂的基因库。

随着时间的推移，大批杂交蜂侵入养蜂场中，迅速占据了中南美洲，在中南美洲1700多

万平方公里的范围内，有 200 多万个养蜂场接受了杂交蜂的进驻。其具有活跃的基因特性，也产生了个性凶猛的特异种，曾不断袭击人畜，这就是美国新闻媒体所称的“杀人蜂”，给人们带来了极大的恐慌。

可是杂交蜂因其优良的产蜜能力而备受巴西养蜂人的青睐，虽有少数凶猛的“杀人蜂”出现，但他们作了严格的科学管理，诸如纯化杂交蜂，强化防护措施，建立远离人畜的蜂房等等。

杀人蜂

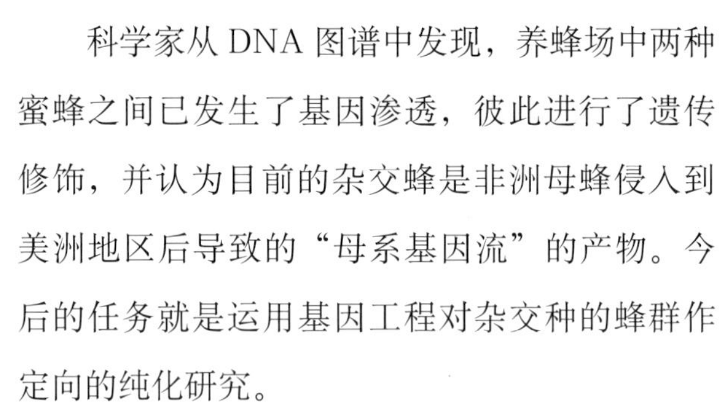

科学家从 DNA 图谱中发现，养蜂场中两种蜜蜂之间已发生了基因渗透，彼此进行了遗传修饰，并认为目前的杂交蜂是非洲母蜂侵入到美洲地区后导致的“母系基因流”的产物。今后的任务就是运用基因工程对杂交种的蜂群作定向的纯化研究。

至于“杀人蜂”，随着蜂种的不断纯化也会趋向减少。所有的生物在进化中都拥有成功的遗传基因，由于人工选择而成为世代相传的生理优势，可是有的却对人类不利。早在 5000 年前古埃及人就已饲养蜜蜂，但其蜂螫至今仍

使人受罪，“杀人蜂”也因其蜂螯特别厉害而显得骇人。现代分子生物学正在运用基因学说培育不螯人的蜜蜂，日本科学家曾在试验基地用射线照射成蛹之前的蜜蜂幼虫，经照射过的蜂蛹，待成虫羽化后产生了变异，97% 新生蜂的螯刺变了形，但不影响其交配繁殖，采蜜器官则无变化。

养蜂人在工作

（图片来源：全景）

蜻蜓的轶闻野趣

对从事科研和野外采集的人来说，记取昆虫的轶闻野趣也是一件乐事。暑期中，您也可寻找机会观察一下。

蜻蜓——捕蚊能手

单说蜻蜓就有几千种，比较大型的一类叫

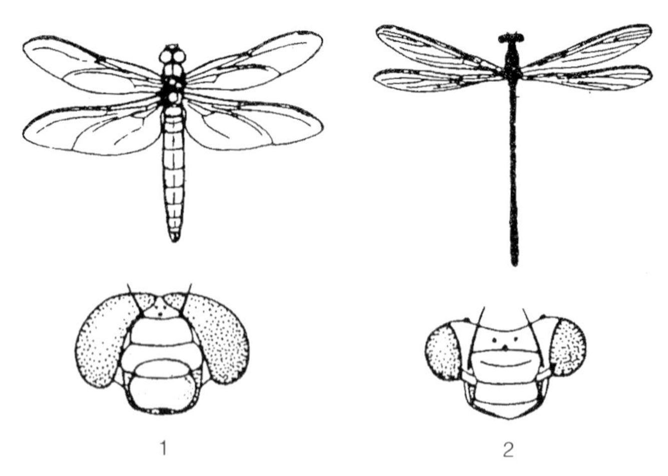

1. 蜻蜓　2.蟌（豆娘）

蜻蜓，小型的叫做蜻蛉，身体纤细的一类叫豆娘。

蜻蜓是食肉昆虫，尤其是捕蚊的能手。常见它在野外疾飞盘旋时在空间施展“戛然而停”的绝技。这一瞬，正是它捕到了蚊子的时刻。有时，它还会趁农家居室门窗敞开时，窜入房间来回飞。虽说它在屋中巡回飞翔，却是在捕捉室内的蚊子和小飞虫呢。它有时在树梢和树叶间停留，其实是在稍事歇息，以将捕获物细细咀嚼品味。在一次实验中，研究人员在屋内放了几百只蚊子，同时也放入蜻蜓。几分钟后，用网兜捕获蜻蜓，可发现它的嘴里塞着一团黑黑的蚊子，竟有几十只之多，而且已经在胃肠内消化。

豆娘（蜻蜓类）

蜻蜓的非凡视力

单眼能辨别光线的明暗和方向。

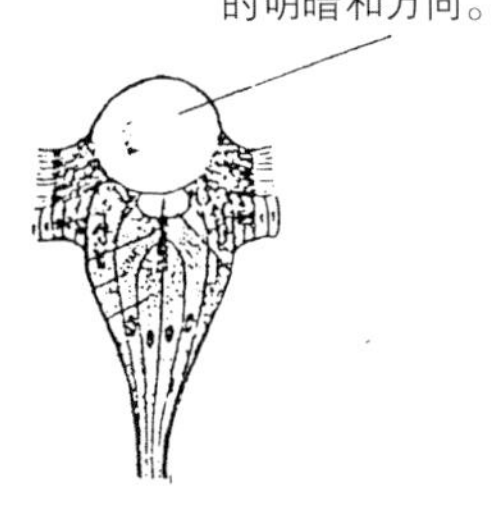

复眼和单眼结合起来看东西，物体就完整了。

复眼由许多小眼组成，每个小眼都能把许多形象集合起来。

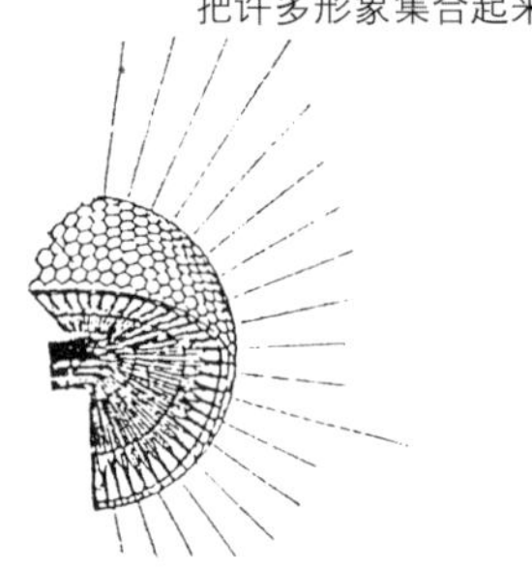

最引人注目的是蜻蜓的眼及其视力。它看物体的复眼，是由1.5万个到2万个小眼组成的。另有三只单眼则是用来感觉明暗光线的。研究视觉的科学家发现，将复眼用漆涂没，蜻蜓感觉不到物体的存在，就会向着光线直上云霄飞去，不再飞回了。如果把单眼涂没，因失去光线，它就会向着物体上下乱撞。蜻蜓的颈很细小，只占头部的极小部分，但可使头任意转动180°，以扩大视野，使其能看到四面八方。

逮蜻蜓时除用网兜捕捉外，也可以用一根长头发，一端系一只苍蝇，另一端绑在棒上，制成钓竿的样子，竖到蜻蜓飞行觅食的场地，等它飞来吃蝇时，即将它扑住。还可用一根头发，两端都系一粒用纸包裹的小石子，充当诱饵，可把数根这类头发抛掷到蜻蜓密集的空间。蜻蜓误以为小石子是飞虫而去追逐，往往被头发缠住而坠落。还可用引诱的办法，当逮住雌性蜻蜓后，用线绑住，以引诱雄蜻蜓飞拢过来，用网捕而得之。

最古老的昆虫

蜻蜓有几千种，它们多数在白天、在高空中捕食昆虫。但在我国西北和西南地区有一种蜻蜓，它们白天隐藏在不见光的暗处，等到黄昏或拂晓时刻才出来，进行超低空飞行，来回穿梭在人群间，不怕人们的往来干扰，有的还飞行在人的膝盖高度。因为离地面近，蚊子和小昆虫特别多，即使在昏暗的光线下，它每分钟也能捕食几十只蚊子哩！昆虫学家称这种蜻蜓为“晨暮蜓”。

蜻蜓也是最古老的昆虫之一，距今3.5亿年前的蜻蜓，却是个庞然大物，身体的长度且不说，它的翅宽达27英寸，翱翔在天空，犹如飞鸟的躯体那么大，那时的巨型食肉兽，只要吃到几只蜻蜓，也可暂时充饥了。

古蜻蜓
展翅19.38厘米

虫嘴里怎能长出草来呢?

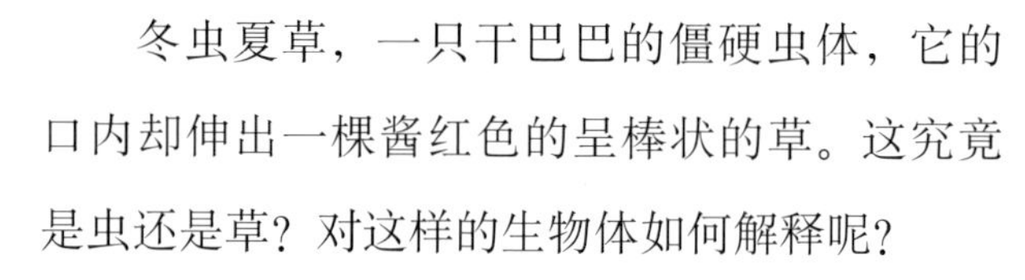

冬虫夏草，一只干巴巴的僵硬虫体，它的口内却伸出一棵酱红色的呈棒状的草。这究竟是虫还是草？对这样的生物体如何解释呢？

原来，冬虫夏草生长在海拔 4000 米左右的高山草原上。我国已有 1200 多年的药用历史，从 1460 年起，冬虫夏草就开始出口到日本及东南亚一些国家。

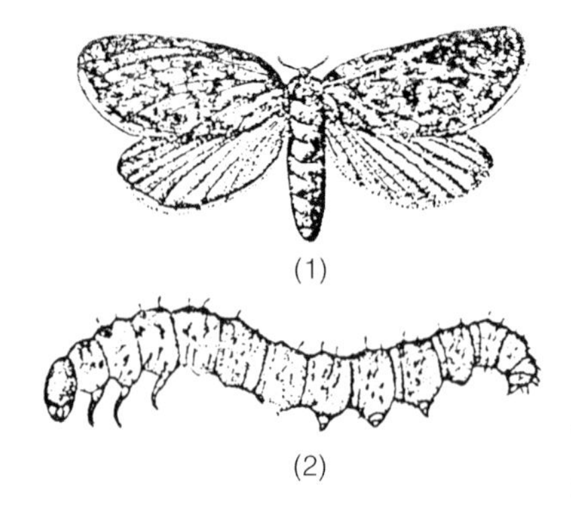

（1）雌蛾 （2）幼虫

冬虫夏草中，那虫体原本是一条活虫，从夏天到秋天，这种蝙蝠蛾的幼虫，一伸一屈地游荡在高原草地上，爬来爬去，悠闲自得。它以食草为主，慢慢长大。但在草原上同时生长着一种真菌，这种菌靠自身的子囊孢子起繁殖作用，它弥散在草堆的空间，一旦接触到虫体，就侵入虫体内，随即以虫的体液、脂肪、蛋白

质为营养，在虫体内萌发生长。幼虫由此得了真菌病。

入秋后，充满虫体的真菌菌丝体，慢慢从虫的口部伸出一株小“芽”，它向上伸呀伸，渐渐幼嫩的小“芽”变成了酱红色的子座体，秋冬后幼虫僵死，这时它成了既有虫体又有“草”的冬虫夏草。

现代科学已能培养出各种虫体和真菌体，全世界现共有200多种，而我国青海省的野生虫草为上品，药用成分含量最高，这是由青藏高原特有的自然生态因素决定的。

虫草有补肺益肾、止咳化痰等功效，目前我国和世界各国科学家正在进一步研究虫草的培育及其药用的成分。

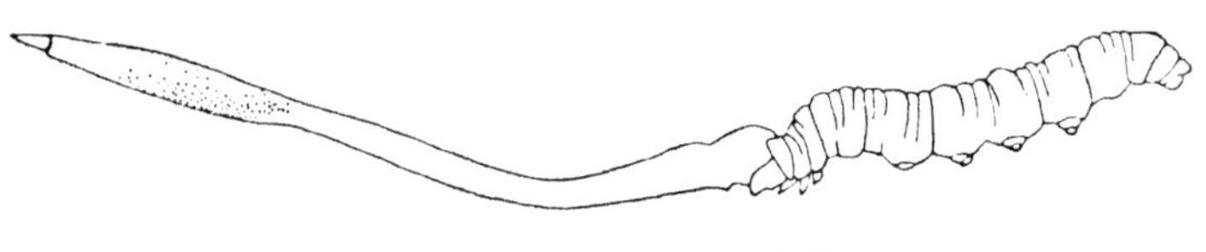
冬虫夏草

谁是跳跃能手？——蚱蜢

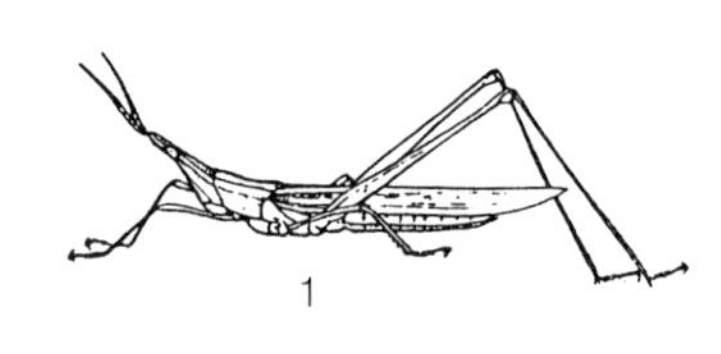

人们常把昆虫中的跳蚤称作“跳跃能手”，其实科学家做过实验，跳蚤能跳 12 英尺高，蟋蟀能跳 24 英尺高，而蚱蜢也不甘示弱，它一跳就是 30 英尺高。

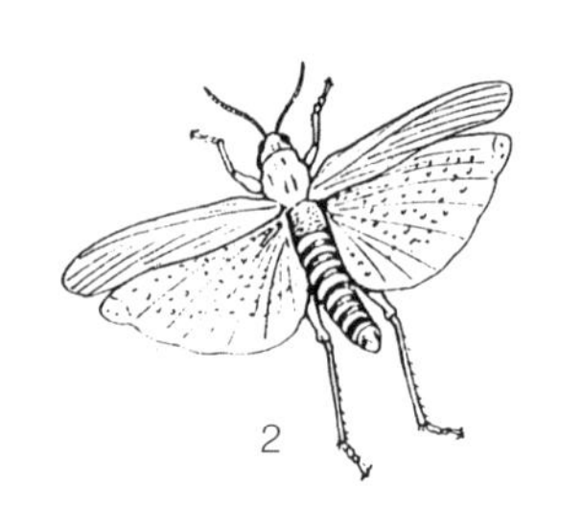

一只普通蚱蜢，平均能跳跃比自己身体长度大 20 倍的距离，要是人类有它那种跳跃的本领，按比例计算，往前跳，跳三下就可跃过足球场长度的一倍；往高跳，一跳就可以跳过一座五层楼高的楼房。由于长期的自然演化，蚱蜢的后足生有致密的肌肉纤维细胞，数量比人下肢中的肌内纤维细胞还多，弹跳时，能够使两足产生八倍于蚱蜢本身体重的弹跳力。它的弹跳依靠的就是后足里的大约 3500 个肌肉纤维细胞，这种细胞使蚱蜢只要 1/30 秒就可完成一

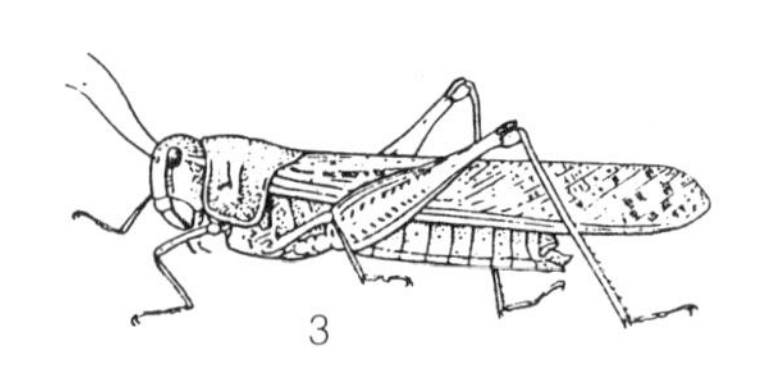

1　中华蚱蜢
2、3　东亚飞蝗

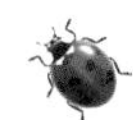

次弹跳。

各国科学家正在研究昆虫肌肉的弹跳力，用计算机来模拟昆虫肌肉的结构，并给机器人设计一种弹跳机械，为人类的需要服务。

1 跳蚤可拉动 50 克重的微型火车头。

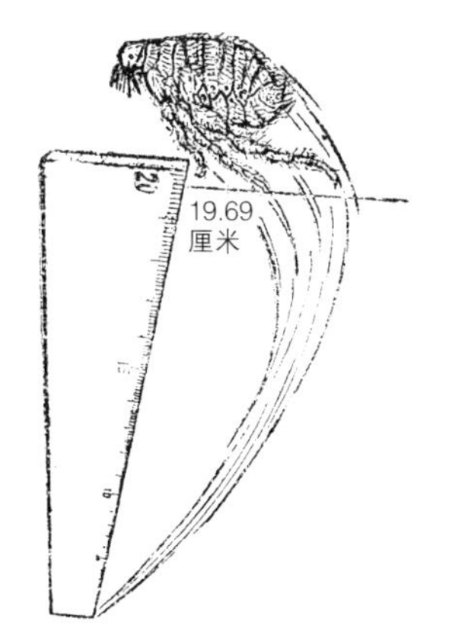

2 跳蚤弹跳高度约为 19.69 厘米，远超自己的体长。

3 蚂蚁可搬动比自己体重重约 52 倍的物体。

昆虫肌肉的力量

你知道有几种知了

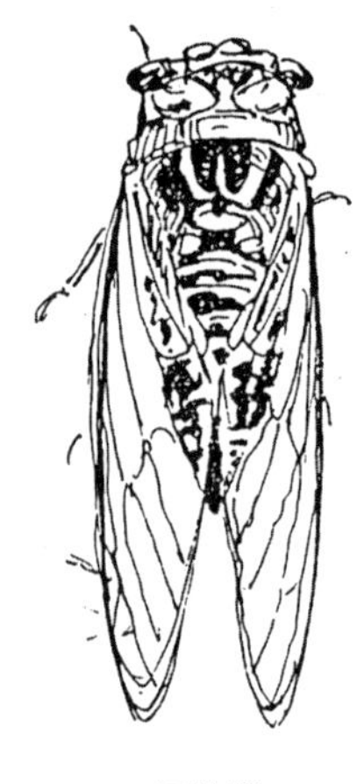
黑蚱蝉

夏天，梧桐树上不断地发出“知了——知了——”的鸣叫声，大家都知道：这是知了在叫。但是，你知道吗，世界上的知了可以分成许多种呢！

知了又叫作蝉，蝉的鸣叫是靠腹部的一块鼓膜运动而发出的。雄的知了可以叫，而雌的知了是不会叫的，这就是我们平常说的“哑板”知了。每年从五月、六月起，雄知了就开始不断地鸣叫，叫声直到十月才消失。

在上海，比较多见的有三种知了。最常见的一种身体黑亮，个子很大，发出“咋——咋——”的叫声的知了，它的名字叫“黑蚱蝉”；另一种是青绿色、中等个子，发出“叶斯它——叶斯它——”叫声的知了，这叫作“寒蝉”；

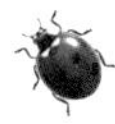

还有一种灰色小个子，发出“吱——吱——”叫声的知了，叫作“蟪(huì)蛄”。这三种知了发出的叫声不同，是因为它们的发声器官大小不同，身体大的叫得响，身体小的就叫得比较轻。

寒蝉

蟪蛄

蝉在小时候，生活在泥土底下，要经过很长时间的蜕皮、羽化才能爬上树枝，它们靠吸树汁生活。雄知了拼命地鸣叫，是为了找雌知了“成亲”，雌知了不会叫，但它听到了雄知了的叫声，就会飞过去“相亲”了。

白蚁的轶闻新说

地球上除了人类以外，过着集体生活，有高度社会组织性并互相合作的生物就有社会性昆虫，如蜜蜂、黄蜂、蚂蚁和白蚁。其中的白蚁，随着研究的深入，轶闻新说时时让人有所耳闻。

最古老的“社会”种族

作为社会性动物来说，人类存在还不到100万年，蜜蜂、蚂蚁和黄蜂则已存在7000万年，而白蚁却几乎有2亿年的历史了。1937年，苏联科学家沙列斯基在乌拉尔山脉塞尔氏河发现一块化石，经考证，化石里形态清晰的生物，无疑是一种古老的白蚁，与它同时并存的是一只蟑螂，两者几乎成了邻居，它们都被固封在化石之中。沙列斯基以此推算它已有2亿多年的生活史，并绘图描述了这块化石，将这种白

蚁命名为乌拉尔白蚁。继而他又推论白蚁是蟑螂的近亲，白蚁起源于有3亿年历史的古老的蟑螂，因为两者的身体构造、发育，甚至肠内的寄生物都非常相似。接着他又推断，在2亿年以前，哺乳动物以及蜜蜂、蚂蚁还没在地球上出现，巨大的爬虫类繁盛的时期，白蚁与蟑螂的天敌，就是长达35厘米以上的大蜻蜓。那时的白蚁已演化为一种强有力的、组织严密的昆虫。在这个组织中，个体完全没有权利，每件事都是为了整个社会的利益而进行的。后来的科学家把它们称作“自然界的极权主义者”。

黑蚂蚁

家白蚁

为了证实白蚁与蟑螂的近亲关系，100多年前有一位叫哈根的白蚁分类学家指出，昆虫分有翅和无翅两大类，而白蚁与蟑螂均属有翅类，且都是古老有翅昆虫，两者的构造在系统发育上是非常接近的。他为此还写了专著，为白蚁的分类作了非常有价值的贡献。科学家以此为研究依据，把白蚁归类在昆虫有翅亚纲的等翅目中，而蟑螂在有翅亚纲的蜚蠊目中，于是两大古老的昆虫的近亲关系从科学的分类上得到了确认。美国的白蚁权威斯奈德于1949年在国

际上出版的《世界白蚁名录》中总共收录1929种白蚁，其中古老的白蚁化石种就有68种，且在白蚁化石中伴有蟑螂的踪迹。

白蚁的繁殖力

很多文章把白蚁的蚁后列为昆虫中繁殖力最强的典范，认为一只蚁后每秒钟产一个卵，一天内产卵可达10万个甚至更多，一个月多至几百万个卵。一个由300万只白蚁组成的蚁群，可能全是一只蚁后的后代。但传说的白蚁繁殖率可能是不确切的。

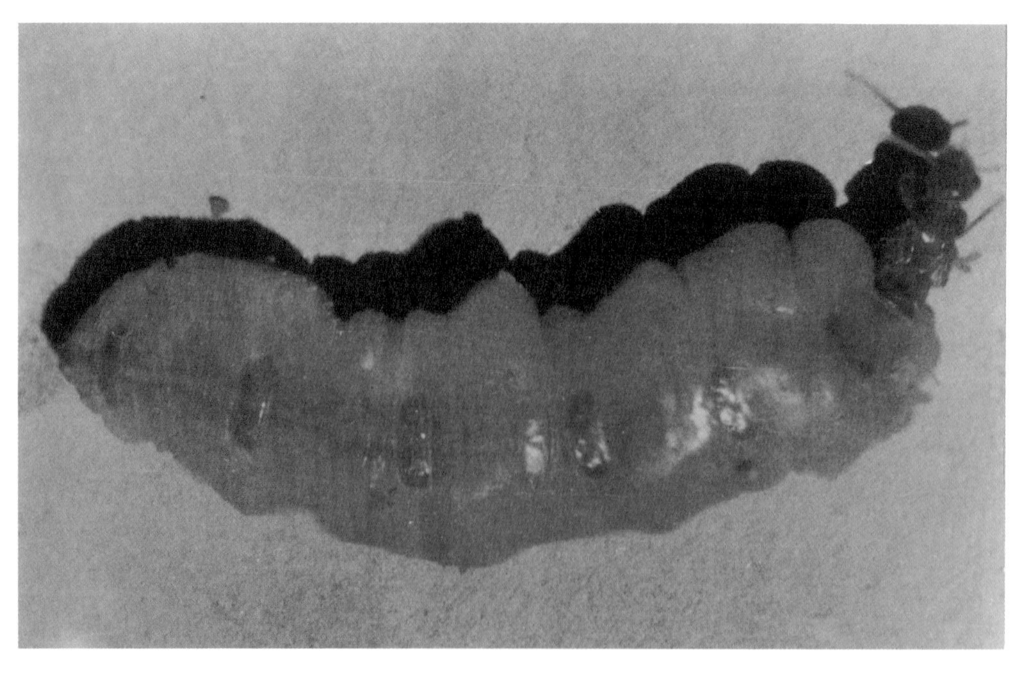

蚁后

在白蚁社会中有蚁后、蚁王、工蚁和兵蚁。一个白蚁巢里大约95%的居住者是工蚁。工蚁没有生殖功能，不起繁殖后代的作用，但却担负筑巢、取食、清扫、开路、喂食及搬运蚁卵、照料幼蚁等各项维持群体生活的任务，扮演着“管家”的角色，尤其是蚁后的产卵生育、生老病死都由工蚁掌管着。

这种颇为意外的结论是经过了长久的考察和研究才得出的。英国科学家斯克费在非洲研究了20多年的白蚁，科学地记载了南非西南开普地区的黑龙弓白蚁，它属于广泛分布于世界各地的白蚁科。斯克费发现了不少有关白蚁社会中蚁后与工蚁的关系的秘密。蚁后在蚁巢中是个庞然大物，为了不断地生儿育女，唯有依赖工蚁不断地喂食，然而蚁后的产卵多少和产卵持续时间都与喂食的连续性有关。每当进入冬季，贮食渐少，工蚁供给蚁后的食物就减少，蚁后就停止产卵；春季来临，食物来源多了，工蚁慷慨地喂食给蚁后，蚁后的腹部随之膨胀起来，开始产卵。但蚁后对子女全然不顾，工蚁则不断地把产出不久的卵粒搬运到“育婴室”

去。一旦幼蚁多了，工蚁照顾不全时，工蚁就以减少供食为信号，提醒蚁后停止产卵；假如巢内境况不佳，为了保障提供给全社会成员的食物，工蚁会把卵吃掉，甚至还会把幼小的白蚁吃掉。因此，食物的来源严格限制着新生命的数量，工蚁仿佛在从容不迫地促使蚁后“计划生育”。一旦食物丰富，工蚁就护在蚁后周围，辛勤地侍候、喂食，蚁后就不断地产卵。

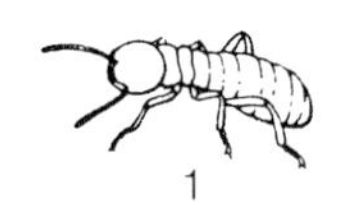

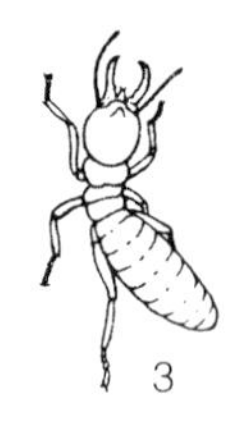

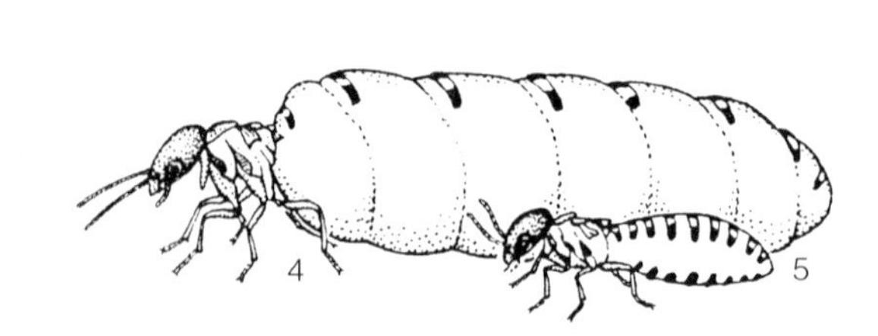

白蚁家族

1. 工蚁　2. 繁殖蚁　3. 兵蚁　4. 蚁后　5. 蚁王

寿命及葬礼

蚁后一般可以活20年以上，在蚁后晚年时，尤其是在蚁巢内产生了新蚁后或工蚁接纳了新蚁后时，工蚁则会残忍地把它们的老母亲——老蚁后消灭掉。此时，工蚁会释放出一种集聚信息素，然后密密层层地集中在老蚁后周围，不断地在其巨大的腹部周围触舐，它们的唾液能使任何生物变黑，老蚁后柔软的腹部日渐消瘦萎缩。老蚁后被舐死后只剩下一个空壳。空壳有时还会被吃掉，而老蚁后在严酷的死刑前，从不显露出任何痛苦的迹象。工蚁同样不允许两个蚁王存在，它们会很快地剪除老蚁王，而老蚁王因个小体弱，很快地就消失了，老蚁王成了老蚁后的殉葬品。

蚂蚁是高度社会性昆虫，图为蚂蚁在行军途中。

第二章

遨游昆虫世界

秀丽的草蛉

跨入自然界，只要仔细观察、勤于纪录，你就会发现见所未见、闻所未闻的新奇事，秀丽的草蛉就是一种让人耳目一新的昆虫。

美丽文雅的草蛉

它驻留在草叶上，网状的两对翅又长又阔，薄如透明纸，身体细长柔软，全身披着草绿色，也有少数为黄绿色和黄色。那一对细长的丝状触须，不时地摆动着，体态文雅别致，美丽极了。

草蛉交配后，雌蛉在植物叶片上分泌一点黏液，随即将腹部往上一翘，拉出一条比头发还细的丝，卵就产在丝的顶上，待干后便奇特地竖立在叶片上，卵丝巍然不倒，飘在空中，悠哉，悠哉！

草蛉每次产卵可达400—700多粒呢！害虫繁殖季节，也是草蛉的繁殖季节，大批的卵在

卵丝顶上孵化，幼虫向下爬去，捕食各种害虫的幼虫。草蛉一生要吃2000到4000多只蚜虫呢！由于幼虫凶猛地捕食蚜虫，昆虫学家称誉它为“蚜狮”。要知道一只吸食棉叶汁的蚜虫的后代如果都活着，则按150天计算，就能繁殖6万亿个蚜虫。草蛉一生捕食的蚜虫种类就有豆蚜、棉蚜、桃蚜、柳蚜等，因此，蚜虫对草蛉望而生畏。

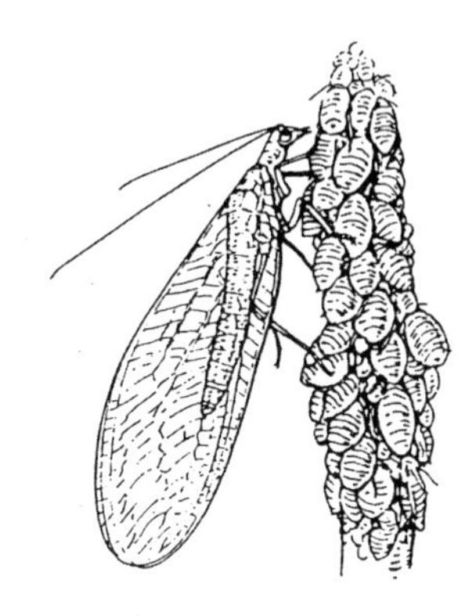

草蛉

草蛉分布很广，有大草蛉、中华草蛉、丽草蛉等，因为它是害虫的天敌，我国已用人工方法使它大量繁殖，将它在田间释放，用来护农治虫。

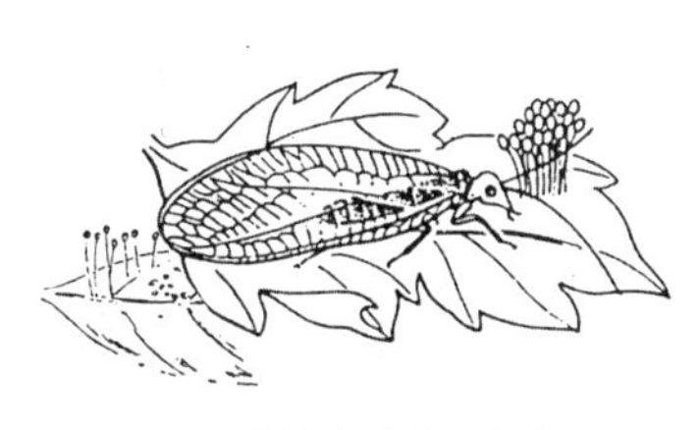

草蛉在叶片上产卵

草蛉的幼虫

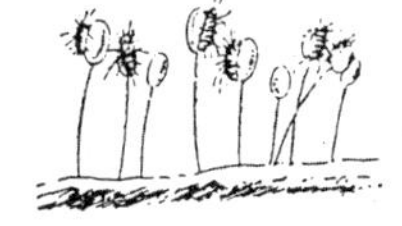

苍蝇的启发

苍蝇身长的毛和刺都是极灵敏的“感震器”。（图片来源：全景）

人们都有这样的经验：拍苍蝇时，如果用书本或报纸，很难把它拍到，但如果用有网眼的拍子去拍打，则十有八九能打死它。这是为什么呢？

原来，在苍蝇这样一类昆虫的“皮肤”上，长有很多对周围环境的温度、湿度和气流反应极灵敏的毛和刺，在这些毛、刺上，有密集的感觉细胞，这些细胞组成了微型感震器，感震器感受到的信号传到大脑后，在千分之一、二秒之间就会指挥昆虫的行动。比如，蟋蟀腹部末端附器上的毛接触到地，可以感觉地面颤动，抬高时则能感受到地上的气流。所以，当你走近它时，还没逮住，它已飞走了。又如蟑螂的一对尾须能感觉周围气流的变化，稍有动静，

它便迅速遁去。用书本或报纸打不到苍蝇的原因，也在于苍蝇身上的感震器能灵敏地感觉到突如其来的气流。由于有网眼的拍子扇不起气流，所以就能打死它。美国有科学家做过这样的实验：把苍蝇身上的感觉毛都拔掉，虽然苍蝇仍能飞翔，爬行如常，但对一切骚扰却已失去反应而任人捕捉了。

苍蝇的这种感震作用，启发人们把昆虫的感震器官与现代的感震器进行比较。中国古代张衡发明了世界第一台地动仪，而今天，用于检测地震的地震仪已被广泛采用。但是，这些地震仪都很笨重，一般在 10 公斤以上，体积像一台大型电视机，搬运携带都不方便。最近，英国伯克郡雷丁大学的研究人员综合了天体、地球物理和生物电学等方面的理论，发明了一台重量仅为 50 克，可随身携带的地震仪，它能在 20 秒内，测出地面的振动，比原来的地震仪大大前进了一步。然而，它还远远不及自然界中的昆虫。因为昆虫身上的感震单元只是它自身体积的万分之一到亿万分之一，其感震细胞的间距以微米计算（一微米等于千分之一毫米），

这台天然的精密“仪器”如果能被模拟仿制成功，其意义将非常深远。

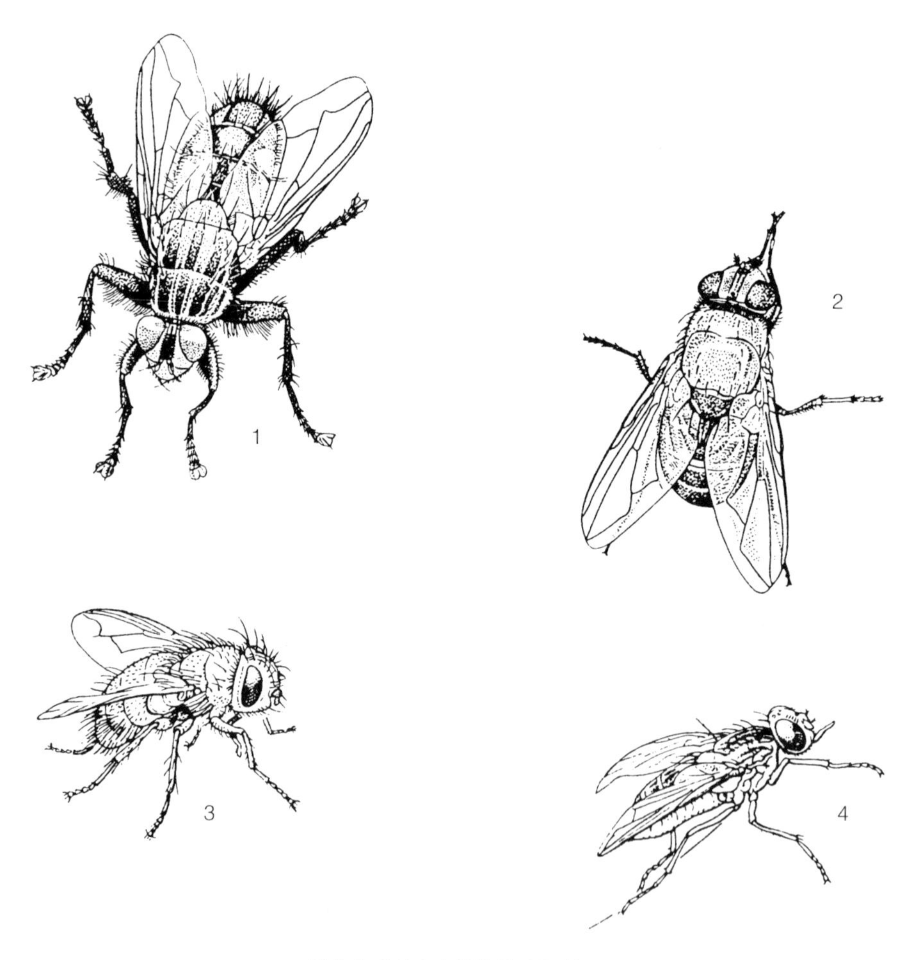

蝇家族成员身上都长着毛和刺。
1. 麻蝇　2. 绿蝇　3. 寄蝇　4. 家蝇

“水上芭蕾”演员——滑水虫

每当在池塘、溪流边漫步时，就会看到在水面上纵横驰骋、疾速滑行的滑水虫（又称水蜘蛛）。滑水虫在水面上既能迅速滑行，又能跳跃式行走，尤其在跳回水面时，其轻盈的姿态似在表演优美的“水上芭蕾”。

原来水有一种表面张力，给人一种肥皂泡破裂前的感觉，而且水的表面又具有一层极薄的“薄膜”，如果将一枚纤细的小针轻放于水面上，这层“薄膜”会让小针浮而不沉。滑水虫的足上和身上都长有肉眼看不见的绒状细毛，能防湿，细毛里又聚积着空气。它的足底长着扇状茸毛，其间又长着有吸附力的肉趾。滑水虫身体狭长，前足很短，用以捕捉食物，中足和后足特别细长，用来划水和推进，长长的足

虽然使水面的“薄膜”凹下去，像个酒窝，可是不会使“薄膜”破裂。它依靠水的表面张力在水上轻盈滑行，在其所滑过的水面只会见到一条荡漾着的涟漪。

水黾在水面舞蹈。

蚕的兄弟姐妹们

家蚕相传是由黄帝的妻子嫘祖饲养成功的。之后，经过历代蚕农的不断驯化、选种和培育，蚕的个头从5000年前的1.5厘米长，增长到现在的4厘米长，渐渐变得体大丝多。蚕的家族内除了春蚕外，还有夏蚕、秋蚕，世界上许多国家的蚕，都是从中国传去的。

其实，蚕的种类不少，它的兄弟姐妹可多呢！蚕俗称“家蚕”，专吃桑叶的，又称桑蚕。另外还有蓖麻蚕，是生活在蓖麻树上吃蓖麻叶的。蓖麻蚕原先产在印度，自从印度和中国有了交往后，中国的桑蚕便传到了印度，而蓖麻蚕则传到了中国。中国蓖麻很多，因此大量饲养蓖麻蚕，其蚕丝产量已居世界前列。

吃桑叶的家蚕。
（图片来源：全景）

柞蚕，它的幼虫呈绿色、黄色或天蓝色。

柞蚕也起源于中国，早在公元前山东已经成功饲养柞蚕，明代已将柞蚕丝纺成绸衣风行全国。柞蚕以柞、麻栎、槲等树叶为主要食料，还可在野外树上放养，吐丝结茧。用它的丝可纺成府绸，可做成手套、内外衣、丝袜和飞机机翼上的材料。柞蚕的成虫比家蚕大，身披黄褐色鳞毛，双翅上各有一白色眼斑。家蚕和柞蚕不会飞，却能作飞翔动作。还有一种天蚕，也叫樟蚕，幼虫色蓝，以柳、枫、樟树树叶为食料。

家蚕养殖

（图片来源：全景）

天蚕属珍贵的大型绢丝昆虫，在我国它仅分布于东北、四川和云南，日本也有分布。它吐的丝呈特殊的浅绿色彩，闪烁着珠宝般的光辉，有着优良的质地，所以精致的天蚕丝可以用作外科缝线、钓鱼丝、乐弦和弓弦，制成的蚕丝绵绒，比羊毛和驼绒质量更好。天蚕丝在日本被誉为“丝中宝石”、“丝中女皇”、“梦的纤维”，备受人们青睐，国际市场上的价格比桑蚕丝、柞蚕丝贵数十倍呢，每公斤售价高达3000美元。但由于天蚕难以大量饲养，科学家目前正在研究用高科技的方法攻克遗传工程中的难关。此外，在臭椿、乌桕树上有一种野蚕，称樗蚕，又叫臭椿蚕，因为它吃臭椿叶片，所以幼虫也有臭味，但结的蚕茧质量好，丝的拉力强，用作钓鱼丝，在水中透明无影不会腐烂。丝可承受几公斤重的鱼而不断，用它制成的衣料也结实耐穿。

蚕的家族中要以家蚕(蚕宝宝)为大哥哥了。因为它历史长，已广为饲养流传。蚕的种类很多，在昆虫学中分类为鳞翅目大蚕蛾科，有待于人们运用高新科技去更好地开发利用。

狂蝇

提起苍蝇，人们莫不蹙眉摇头。我们平常见到的苍蝇，多半是厕蝇、家蝇、腐蝇，也就是平常俗称的“绿头苍蝇”、“粪蝇”。

苍蝇是个俗称，在它们的家族中，名目百出。苍蝇种类繁多，在世界各地都有它们的踪迹，据初步统计已超过35000种。在昆虫学上，苍蝇属于昆虫纲双翅目昆虫，以下又分好多科，每一科又分许多属、种，仅花蝇就有1000多种，而35000多种苍蝇中多数是害虫。

夏秋季节，在绵延千里的草原上，一群群膘肥体壮的牛羊，在咀嚼肥美的牧草，尽情享受大自然的恩赐。可是转眼间，它们像突然遇到恶魔似的，乱窜乱跑起来。这是什么原因呢？千百年来，牧民们以为是天上的恶魔在兴风作

浪。生物学家经过长期观察和研究，才明白原来是受到一种叫狂蝇的蝇类的骚扰。

这种狂蝇十分可恶，它头上长着一种羽毛状的触角，远在5—10千米以外就能嗅到牛羊身上散发出的气味，它便循着这种气味找到牛羊的位置。而牛羊的耳朵也特别灵敏，它们能听到狂蝇在几千米外飞翔的振翅声。当听到这类声音后，牛羊就惊得全身犹如触了电一样，顿时显得心神不定，连肌肉也不时地抖动，甚至惊慌得四处奔跑，不知所措。

狂蝇在牛、马、羊的鼻子内寄生

牛羊的惊慌，是长期形成的条件反射。从远处而来的大批狂蝇，飞到牛羊群的上空后就俯冲而下，对准牛羊的鼻子；有些狂蝇飞下来没有到达鼻子，暂且降落在牛羊的身上，再急速地飞向鼻腔、口腔、眼睛、耳道内，躯体庞大的牛羊对之束手无策。接着，这些凶恶的狂

蝇一只只爬到了牛羊的鼻腔内，没有多久，经过交配后的雌蝇就在这温暖湿润的部位产卵传代。每只雌蝇能产50多粒卵。当卵孵化成幼虫后，便寄生在那里，有的还沿着鼻腔转移到牛羊的头颅内，吮吸肌肉组织乃至美味的脑髓。被侵扰的牛羊全身难受，吃睡不安，经受不住体内狂蝇幼虫的叮咬，变得性情暴躁，最后就成批地猝死。

这种畜牧业的坏蛋，最早在美洲大陆作恶时，曾使牧场主一次损失了7亿多美元。世界各国蝇类专家为此做了全面调查，他们在苍蝇的“家谱”中查访不到，后来一位分类学家在狂蝇的尾器上发现其与众多蝇类的不同。鉴别蝇种，除了观察通常的外部形态外，重要的一条是剖析苍蝇尾部的生殖器官。在解剖显微镜下极小心地把雄苍蝇生殖器部位的比针尖还小的尾器拉出来，可发现其形状与已定名的其他蝇种有明显的不同，加上此种蝇类对牛羊群如此猖狂地攻击，因此，它被定名为一个新种，称为狂蝇。

既当爸又做妈的负子蝽

蝽象科昆虫，身体上会散发出一股臭椿树的气味，因此，它又有“放屁虫”、“臭鳖虫”等难听的俗名。

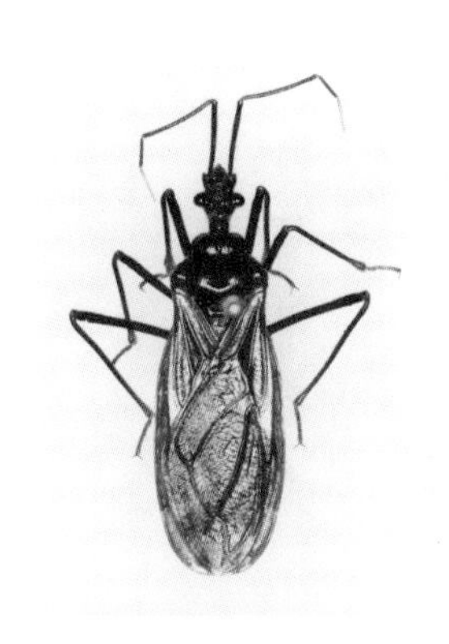
蝽象

蝽象在春夏两季多半生活在陆地上，不知从何年代起，其中有一部分迁居到了水中，而且都有自己在水中的家和姓名，分别叫仰蝽、划蝽、负子蝽等。

负子蝽俗名叫负子虫，体形大而扁阔，还会捕鱼苗充饥，雌虫会产卵在雄虫背上，而自己从不负责育儿养女，产了卵就游走四方，不久就死去。而从子女的出生到独自谋生的这段时间的抚养重担，都落在雄负子蝽的身上，所以雄负子蝽肩负着既当爸又当妈的重任。

负子蝽

雌、雄负子蝽经过“谈情说爱”成了“夫妻”，

夜色中的负子蝽

建立了家庭。它们经过交配后，雌负子蝽快要分娩了，此时的雄负子蝽温顺地呆在雌虫一旁，把身体贴到雌虫的腹下，让雌虫像骑马似地蹲在雄虫扁平宽阔的背上。雌虫要开始产卵生小宝宝了，它用足抓住雄虫的背部，垂下腹部，在雄虫背上产下40—50枚卵，同时，分泌出大量的黏液把卵粘附在雄虫背上。

在雄负子蝽背上的卵粒，如果没有适当温度是不能孵化的，所以雄虫尽量不待在寒冷的水中。它还从体内释放热量，让背上的卵粒在正常的温度中渐渐孵化。雄虫还要提防水中的各种敌害来贪食卵粒，所以雄虫时刻准备着与敌人决一死战。与此同时，背上的卵还要吸取氧气，因为没发育完全的幼蝽，还没有呼吸氧气的器官和本领，如将卵完全浸于水中，幼蝽则会因缺氧窒息而全部突然死亡。

所以雄负子蝽每隔一段时间必须浮出水面换换新鲜空气，让下一代享受滋润的雨露和灿烂的阳光。在进行如此辛苦的上下浮沉时，既要防止背上的卵粒脱落，又要防备水面上的不测风险和骚扰。

虽然有时惊险无常，但雄负子蝽也常常在水中悠然地洄游，轻轻地游荡，让水花不时溅着卵粒使它湿润，雄负子蝽深深感受着生育子女的甘苦。不久，卵就渐渐地裂开了，一只只小负子蝽纷纷钻了出来。这时做爸爸的会跷起那对长长的后足，巧妙地把出卵的子女刷落下来，让它们顺利入水，各自谋生去了。

负子蝽生活在广阔的东南亚地区，而中国南方各省、日本琉球、印度等也是它们的“世界”，许多科学家正在观察和研究它们。

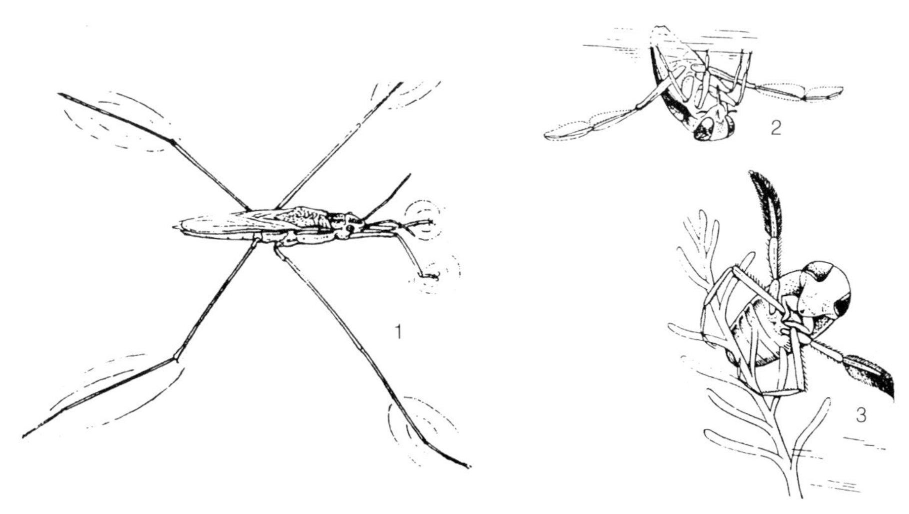

生活在水中的蝽科昆虫，它们各有各的姿态。
1 水黾　2 仰泳蝽　3 划蝽

能吃能饿的昆虫

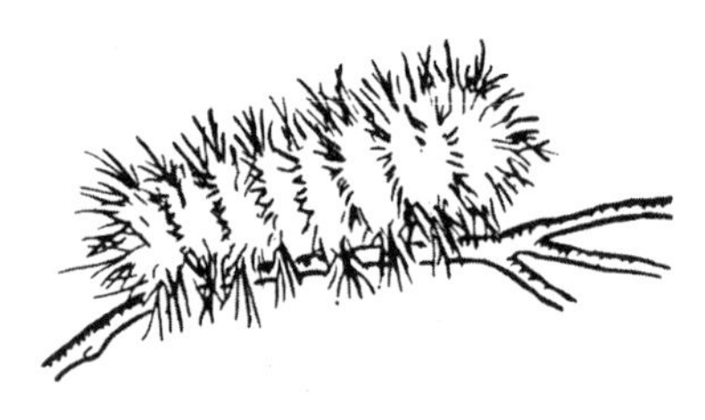

毛毛虫原来是“大胃王”。

在大千世界中，昆虫虽然很小，食量却很大，占动物界三分之二的昆虫每年几乎要糟蹋世界粮食收获量的百分之二十。

从昆虫的耗食说起

昆虫如此耗食，固然与其繁殖力强有关，同时又是因为它具备独特的消化功能。科学家统计，一条松毛虫幼虫一生要消化760根松针；摩洛哥蝗虫的食量超过其体重的20倍；蚊子每吸一次血，其体重就要超过自身体重的几倍；雌臭虫在一次吸血后其体重比原来增加2倍以上……

消化酶的功能

昆虫有如此发达的消化功能，与它的生理功能分不开。在生物体本身的新陈代谢过程中，

有无数酶类在发挥着催化、调节、控制等化学作用，它们像机器中的润滑油，没有它们，机器零件会发热、停转，甚至烧毁。据科学家估计，一个细胞中可能存在着将近3000种酶，每一种酶都有一定的工作对象，它们各守其职，又不能互相代替，其中帮助昆虫消化的有各种消化酶，如淀粉酶、脂肪酶、蛋白酶……

头发、羊毛、皮屑……昆虫什么都吃。

昆虫有了如此强大的消化酶后，就会肆无忌惮地向大自然展开各种“夺粮战”和“叮人战”，它能将参天大树蛀食精光，又能细细品尝各种粉尘微末，有些昆虫能以头发、羊毛、鳞片、皮屑，甚至坚硬的皮革为食。它们犹如洪水猛兽，大嚼特嚼。

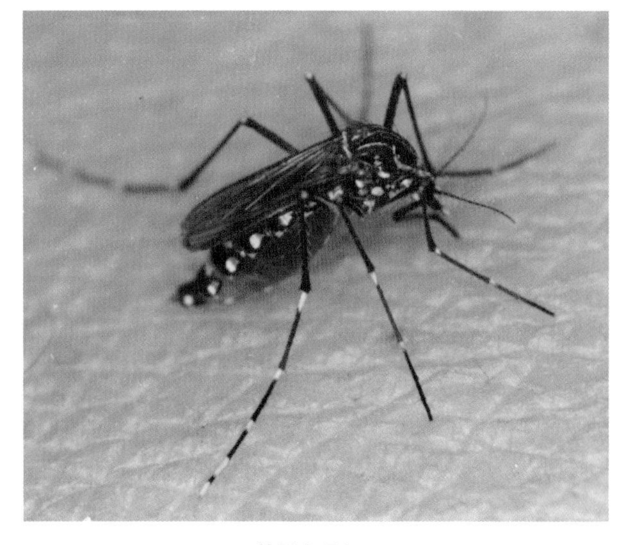
蚊子在吸血。

蚊子、臭虫、跳蚤等吸血昆虫为何嗜血成性？在其唾液中含有一种溶血酶，能将人和动物的红血球分解、消化、吸收。科学家为了实验需要，人工饲养蚊子，用小白鼠放在有蚊子的笼内供其

吸血，几只小白鼠身上的血液在几小时内即被吸光。又如，天牛幼虫和白蚁在树木和大型家具中不断啃食木质纤维，并能顺利地消化这些纤维素，这是因为它们体内的纤维素酶在不断地工作，不消几年功夫，白蚁能把木质家具蛀食成粉末状！

饥而不死

昆虫既嗜食，又能耐饥，而且饥而不死，如臭虫饱餐一顿后即可一年藏而不出；蛀食毛料衣服的皮囊幼虫能挨饿五年而不食不死。这是因为昆虫有一种代谢功能，能使它在饥饿状态下将体内的脂肪、蛋白质、糖原分解成热量和水分，以维持其一定时期的生命需要。如饥饿了一年的臭虫，饿得胸背相贴，整个身体成了一层躯壳，但待到温度、湿度适宜时，又能大口大口地吸血繁殖了，就是因为其体内隐藏了这种化学变化的本领。昆虫就是利用它身体内所有的化学“魔力”，在大自然中既能食，又能饿，不断地繁衍着。

昆虫破案记

古今中外，执法机构为了侦破疑难案件，有时会请昆虫来参与这一工作，它们居然大显身手，屡建奇功。

蚂蚁带路破案

某日仓库中一批油菜籽被盗。案发后，几经侦寻，杳无音讯。隔了月余，一位研究蚂蚁的学者，去仓库附近的小林地采集蚂蚁标本。他发现蚂蚁排了长队，从林地爬向西村的一幢房屋，蚂蚁在屋里兜了一圈爬出来，返回林地。可这时每一只蚂蚁都叼着一粒菜籽。这位学者对此产生了疑问：这个村落的农民从不种油菜，哪里来的菜籽呢?

不久，他很有把握地协助有关部门破了案，查出了窃犯。

原来蚂蚁头上有触角，它能发现食物并传递信息，每当发现了它们喜食的食物，而又无法独自搬动时，就会立即返巢，用触角向伙伴表示那里有很多食物。这样互相传递消息，不久工蚁就倾巢而出，组成了一支庞大的“运输队”，报信的蚂蚁在返途中留下气味，“运输队”可嗅着这种气味，不用向导便可准确地找到食物。于是，窃犯只得认罪伏法。

忙忙碌碌搬运食物的蚂蚁。（图片来源：全景）

苍蝇识凶手

明代某地一个男子因为贪财杀了人。办案的官员分析了杀人现场，认定死者是被砍的，多半是用铁制的凶器。于是他要村民百姓把家里的铁制刀具全拿出来放在场地上，不一会儿苍蝇集中叮在其中的一把镰刀上，官员就命令衙役把拥有这把镰刀的男子抓起来。男子大喊冤枉，官员说："你的镰刀上叮满了苍蝇，而别人的刀具上没有苍蝇。杀过人的刀上有血腥气，这也是苍蝇最喜欢叮吸的味道。这把镰刀是你的，所以你别想抵赖杀人的事实。"男子无言以对，只得低头认罪。

苍蝇的嗅觉帮助破案。

苍蝇有口器，能舐吸食品，但更重要的是其触角上和足上都长有一种嗅觉毛，这是一种感受器，它与感觉神经细胞直接相连。苍蝇对腥臭味特别喜爱，即使在凶器上残留千分之一的气味分子，也能被苍蝇发觉。人们根据苍蝇生理机能和嗜好腥臭味的特点，推理侦破了不少案件。

现代窃听

到了科学发达的现代，昆虫不仅用来破案，还用来侦察敌方，成了国际昆虫间谍。有些国家已发明“昆虫窃听”窃取情报。“昆虫窃听”就是在苍蝇一类的小昆虫背上粘上一个针尖大小的电子窃听器，让它吸入一定量的神经毒气，它在飞到目的地后即毒发身死。但它背上的窃听器却开始工作，足以把会议室或实验室里的谈话原原本本地发出去。目前，有些国家正在培养“超级苍蝇间谍”，使它能利用人体的气味寻找目标，探知对方某些人群在何地做何事，然后返回基地。

开天辟地的“飞行家”

远古至今的飞行鼻祖首推昆虫了。它小巧灵便，精力充沛，在3亿年前便已向空中发展，比最初的脊椎动物的滑翔要早1亿年，比鸟类飞行时间早得多。

昆虫的飞行由翅的上下前后旋转运动完成。

昆虫的翅脉中有神经和血管，甚至还有气管，那甲壳质的翅脉中组合了各种关节结构，双翅在飞行时可以大幅度地摆动，有的摆幅还达到150度呢！昆虫的翅能伏地、收拢，能贴在身体的前后上下，在空中还能速停，比鸟类进化得完善。

在漫长的生物史中，昆虫早已能进行长途跋涉飞行。最有代表性的是斑蝶，它在从北美洲迁居到南美洲的途中，能横越海洋，飞过山岭，跨过整个美洲大陆。它们还会分出支队，

飞翔的蝴蝶
（图片来源：全景）

一部分朝西穿过浩瀚的大西洋，经亚速尔群岛然后抵达非洲的撒哈拉大沙漠，飞往意大利和希腊等地；另一部分朝东越过辽阔的太平洋，分散到日本、澳大利亚等地。更为有趣的是，1977 年的一天，在太平洋上航行着一艘“布拉提斯拉伐”号的油轮，突然，值班长紧急报告说，远处有一个“大黑球”正飞快地向船头靠近。几分钟后，油轮快要和“大黑球”相撞了，大家惊恐万状，瞬间，一大群黑色的甲虫飞掠而过，又远远地离去，至此，船上的人们才松了口气。据知，靠飞行而迁徙的昆虫有 200 多种，它们像候鸟一样冬夏往返而居。在飞行途中，也曾出现过 40 多种混杂群飞的昆虫。

现在，科学家依靠振动仪器测量出了不少种昆虫每秒振动的次数：蝗虫 18 次、家蝇 147—220 次、摇蚊 1000 次……昆虫在频繁地振动翅时需要耗费多少力量啊！从研究得知，昆虫发达的飞行肌中有一种叫肌球蛋白的化学物质，能产生机械能，使肌肉富有弹性而快速地伸缩，使昆虫翅振动起飞，翱翔在大自然中。

科学家对昆虫的飞行作了深入的研究，获

取了丰硕的科学成果，并以此来为人类造福。比如，飞机的震颤是危险的震动，会使机翼折断而机坠人亡。而在蜻蜓翅的前缘上方，有一块深色的角质加厚部分，称“翅痣”，它能稳定翅摆动的正确角度，使其在飞行时，翅不会晃来晃去。科学家仿照了这一“翅痣”，在飞机机翼尽端的前缘装设了一个加重装置，这样就把危险的震动消除了。

昆虫的飞行原理给人类作出了贡献，昆虫可谓功不可没啊！

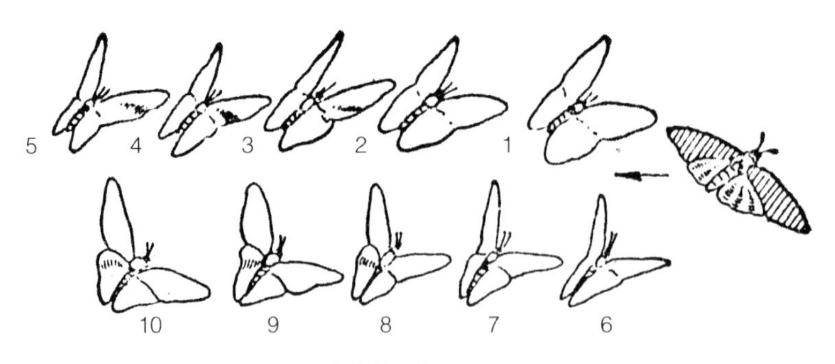

蛱蝶的飞行

黄蜂释疑

申城不少老式弄堂房屋的屋檐下、大树上常常盘踞着黄蜂窝，如不慎触动，大批黄蜂倾巢而出，轻则引来一场虚惊，重则蜇伤主人。晚报刊登过八旬耄耋因搬动蜂巢被黄蜂蜇伤的事情，原因乃是黄蜂的生物自卫本能。

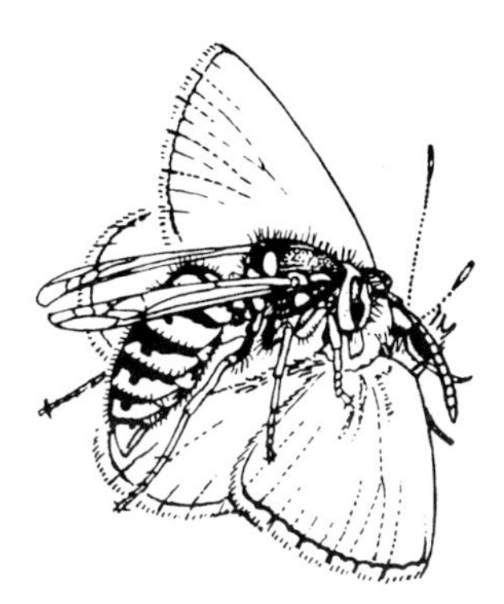
胡蜂

黄蜂与胡蜂、马蜂统称胡蜂，属膜翅目胡蜂科昆虫，它们与蜜蜂都是社会性昆虫，身上都长有尾刺作防卫之用。成虫体型有小型、大型，体长约 9—45 毫米，体较细长，体表光滑有毛，体色为黄色或红色，带有黑色斑纹。它强有力的带齿状的口器（称：颚）和足爪让它成为捕食蝶蛾幼虫的能手。其成年蜂为了哺喂自己的"幼儿"，除饲喂蜜汁外，还将捕来的昆虫咬碎，抛弃内脏嚼成肉泥，喂给待哺的幼蜂。一个中

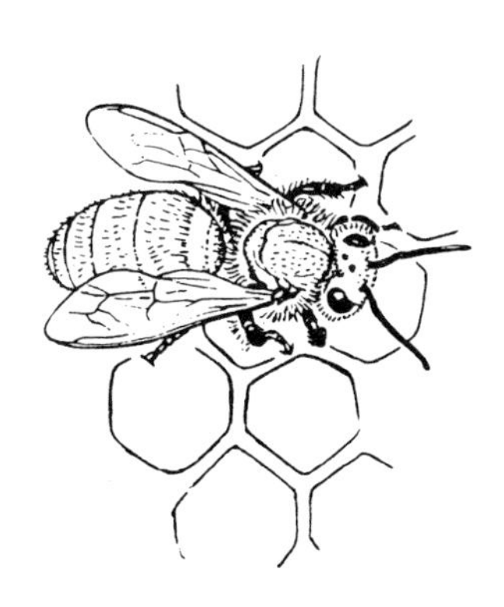
蜜蜂

型蜂巢里的胡蜂能捕杀害虫2000多条，所以胡蜂还是捉虫能手呢！

黄蜂组织性强，集体献身精神很突出，谁要是侵犯了它们的“同胞兄弟”，它们就会群起而攻之，所以平时不要随意捅蜂巢，否则受惊动的黄蜂会一拥而出，发动攻击。有时被大风吹落在地的蜂巢，其里边的蜂群是有记忆的，当有人去搬动清理时，记忆唤起了蜂群自卫的本能，于是几百只黄蜂会直扑而来。所以，发现了蜂巢，向本区的有关防治部门报告处理才对。

当遇到蜂类穿门过街时，应尽量避开。其实，人在行走活动，昆虫也要活动，可是昆虫（包括动物）与人常常会互相“干扰”、“防卫”，因此带来不必要的后果。所以有理智的人类应先采取避而远之的“谦让”方法。蜂类一般是不会主动向人进攻的，除非你去逗玩、挑拍和追击它，才会受到反戈一击的侵袭。

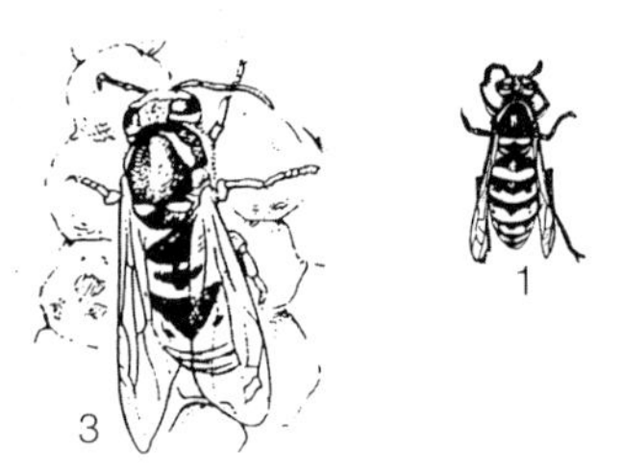

胡蜂

黄蜂等虽不可貌相，却也是益虫，蜂巢还有诸多的治病功效。每年9—10月，各蜂巢中的蜂群开始脱离旧巢，纷纷集群到适宜的场所，密集抱团过冬，此时正是采集者收集蜂巢之机。

夜逮纺织娘

会唱歌的纺织娘

秋色渐浓，广野众鸣虫组成的交响声，不绝于耳，其间纺织娘的鸣声独具特色。每到黄昏和夜晚，先有“轧织、轧织、轧织……”的前奏曲，声如古代织女纺车的转动声，接着是“织织织……”的主旋律，如不去惊动可有多种节拍。叫声时重时轻，音韵悠扬，仿佛是放开了嗓子的“男高音”。一旦遇上雌虫，雄虫更是叫得欢畅不停，转动身子，以吸引雌纺织娘来赴约。

纺织娘白天不发声，以其保护色静伏于藤蔓茎叶草丛之间，遮人耳目，夜间行动活跃，雄性多在夜间鸣叫。我晚饭后提着手电，在天色黑沉中借着月光，带上捕网，在宅基前后便是开阔的草丛和绿化地域，宁静的田园里昆虫鸣叫声此起彼伏。我从远而近，脚步由快而慢，

在多种鸣叫的协奏声中，驻足细听，便有“轧织轧织”的纺织娘伴唱其间。然而，它的警觉性也高着呢，五六米的间距内它被惊动了，那翅摩擦的演奏声瞬即停止。此时我屏住呼吸，原地不动，在手电光下看到，果然在叶片上躲着一只翠绿色的形似豆荚的纺织娘，头上的丝状触须还在晃动着呢。我与它耐心相持，约莫片刻，雄纺织娘等待着新娘的到来，有点不耐烦了，又摩擦着翅，拉起了提琴，大胆而欢快地演奏着。我悄悄移步弯下身子，停在叶间的它，还转动着触角，全然不知我的捕网如天兵从天而降。说时迟，那时快，把它罩在里面了，待它顿觉大祸临头时，再跳呀、飞呀，已来不及了。

可是我非常地疼它哩。虽预先已编织麦秸小笼一只，但只能听其声而不易观赏多姿的体态，后又购竹笼才两美兼得。切忌购置薄竹片笼，极易刮伤虫翅。白昼较热，挂在阴凉通风处，洒些凉水在笼上，晚间悬挂在阴暗避光处，偶将其移至蟋蟀罐内，鸣叫时大有空谷回声之感，听来别有一番奇趣。每天饲以南瓜、丝瓜、苹果的片丁、嫩菜心叶等。前些年我有幸捕养

一只紫红色的纺织娘，视为宠物，养得顺手，直养到深秋入冬，保温适宜，还延长了存活期，只是少鸣，声低而短，犹如年迈嘶哑的男低音了。我恋之甚深，其虽衰老而死，但仍怀念至今。

纺织娘属昆虫纲直翅目纺织娘科。对螽斯，自古已有记载，《诗经》：“五月斯螽动股，六月莎鸡振羽”，莎鸡便是纺织娘。纺织娘为夜行虫，体形较大，长 50—70 厘米，形似一扁豆荚，触角甚长，丝状，极美，体色大都为绿色，还有紫色、枯黄色，以紫红色者为珍贵，美称“红纱娘”。

停在手上的纺织娘
（图片来源：全景）

第三章

解读昆虫生存密码

昆虫的“微型家族”

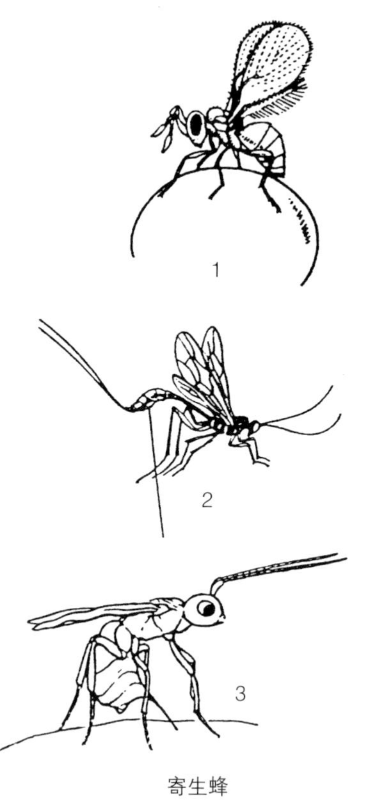

寄生蜂

1. 赤眼蜂　2. 姬蜂　3. 小茧蜂

在浩瀚的动物世界里，有一位以弱制强的“斗士”，它们以默默无闻的治虫神技，在自然界里早已成了“绿色卫士”，那就是昆虫中的“微型家族”——寄生蜂。

“微型家族”之“微”

动物分类学的昆虫纲中，有一类膜翅目昆虫，其家族庞大，据粗略统计已有12万种之多，其中有赤眼蜂、姬蜂、小茧蜂、马尾蜂、卵蜂、金小蜂等科。因为它们能寄生在害虫体内，所以统称为寄生蜂。

它们的身体长度仅为1—20毫米，最小的甚至只有0.7毫米，如将几十只小茧蜂聚集在一起，也不过一粒黑芝麻大小，所以用肉眼很难分辨其身体的外部结构，必须借助于显微镜，

才能认识它的“庐山真面目”。美国马歇博士研究的小卵蜂中，有一种叫“栖翅卵蜂”，形如针尖，体轻似尘，如若把它与针尖放在一起，只有当它活动时，肉眼才得以觉察。据他统计，类似的卵蜂有几千种呢！

坚韧灵敏的“钻测器”

寄生蜂的本领在于腹部末端上有一锋利坚韧的产卵器。有的产卵器像一只有刺的倒钩，一旦钩住害虫，猎物就难以逃脱。有的产卵器长得惊人，几乎超过身体长度的数倍。马尾蜂体长约 20 毫米，而产卵器的长度却相当于自身体长的 8 倍，长约 150 多毫米，仿佛是马的长尾巴，美名由此而来。它用长长的产卵器钻测到潜伏在树干木质部深处的天牛幼虫，产卵器准确地刺进去后在天牛幼虫身上产卵。

产卵器还能分泌一种黏胶状的液体，用来把自己产的卵牢牢地粘附在害虫体外，害虫的躯体成了新生寄生蜂的食料。寄生蜂把卵产在对手的食料上，害虫啃食时，卵则随食物进入害虫体内，待卵孵化，害虫的“五脏六腑”就成了寄生蜂幼虫的美味佳肴。

腹部末端锋利坚韧的产卵器
（图片来源：全景）

产卵器除具有坚韧灵敏的钻测功能外，还附有能使对手昏迷的毒腺，这种毒腺所分泌的是一种神经毒肽和溶血毒肽，以及其他致命的活性化学成分。此类毒素能使中枢神经系统麻痹，肌肉瘫痪。小茧蜂的身体只有螟蛾幼虫的万分之一，但小茧蜂只要向螟蛾幼虫注入其血液量的2亿分之一的毒液，害虫就无还“手”之力，无法动弹了。

威力无比的“探测器”

寄生蜂头上的一对触角很细，只有头发直径的几十分之一，触角形状不一，因“蜂”而异，有环状、鞭节状、鳃叶状等。触角分了很多节，一般为6—13节，多的达80多节。每节触角分工不同，在末端的几节里有极灵敏的感觉细胞与神经相连，能感觉到散布在空气中的微量气味分子，让寄生蜂循味而去，跟踪追击，找到敌害。

蛀食林木和各种木材器具的大害虫——蠹虫，其种类多、分布广，每当它在木头里钻孔时，身体里散发出来的气味和热量，会透过树皮传导出来，小茧蜂则可感测到一种热红外线，

一只寄生蜂正使用触角检测松树内的幼虫。

（图片来源：全景）

循踪找到蠹虫。谷象金小蜂能根据麦粒内的谷象幼虫在啮食时发出的辗轧声和特殊气味，飞到谷物上，用产卵器左右上下探测，只要碰上谷象幼虫，即产卵。科学家曾把螟卵啮小蜂的触角分段切除做了试验，未切除触角的雌蜂产卵器的插入率为87%，切除1节、3节和5节触角的雌蜂产卵器的插入率分别降低为50%，39%和3.5%，而切除6节的则显示不能识别害虫的卵，插入率为零，专家们看后都说“神”了。

跨世纪的资源

未来世界要求生物多样化，保护和开发生物资源，不断揭示其奥秘为人类服务。寄生蜂的利用及其培养已越出了过去常规的方法。美国昆虫学家路维斯等用人工选择与遗传工程相结合的方法，研究培养新一代的寄生蜂。新型寄生蜂能寄生于危害作物的各种害虫身上，在害虫的幼体上产卵繁殖，卵孵化后再把幼虫吃掉，此类蜂不仅能探测气味，还能用触角和视觉寻找到害虫。在美国加州地区因投放了由工厂生产的蚜茧蜂，蚜虫不再成灾危害作物。日本进行了蚜茧蜂工厂化生产。

 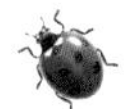

置害虫于死地的性信息素

上世纪60年代以来，各国都发现化学杀虫剂越来越不灵了。这不仅导致害虫产生抗药性，而且杀伤农作物和有益生物，从而破坏了生态平衡。有人做过这样的实验：给几只苍蝇喷洒先前能杀死5万只苍蝇的剂量的DDT农药，结果这几只苍蝇照常生存。原先每亩用0.75—1公斤6%浓度的666农药，就能消灭95%的水稻三化螟，后来药量增加到每亩2—3公斤，而效果却不如以前了。据联合国粮农组织统计，由于害虫对化学农药抗药性的增强，全世界每年生产的粮食仍有40%被昆虫吃掉。因此，科学家正进一步探索灭治害虫的新途径。

新的发现

20世纪30年代，德国科学家布特南特发现，

昆虫体内存在着一种性信息素。他从50万头雌蚕蛹中分离出了12毫克的性信息素。当他把这种物质释放到空气中之后，4公里之外的雄虫都立刻飞来寻找雌虫的踪迹。这一消息立即引起

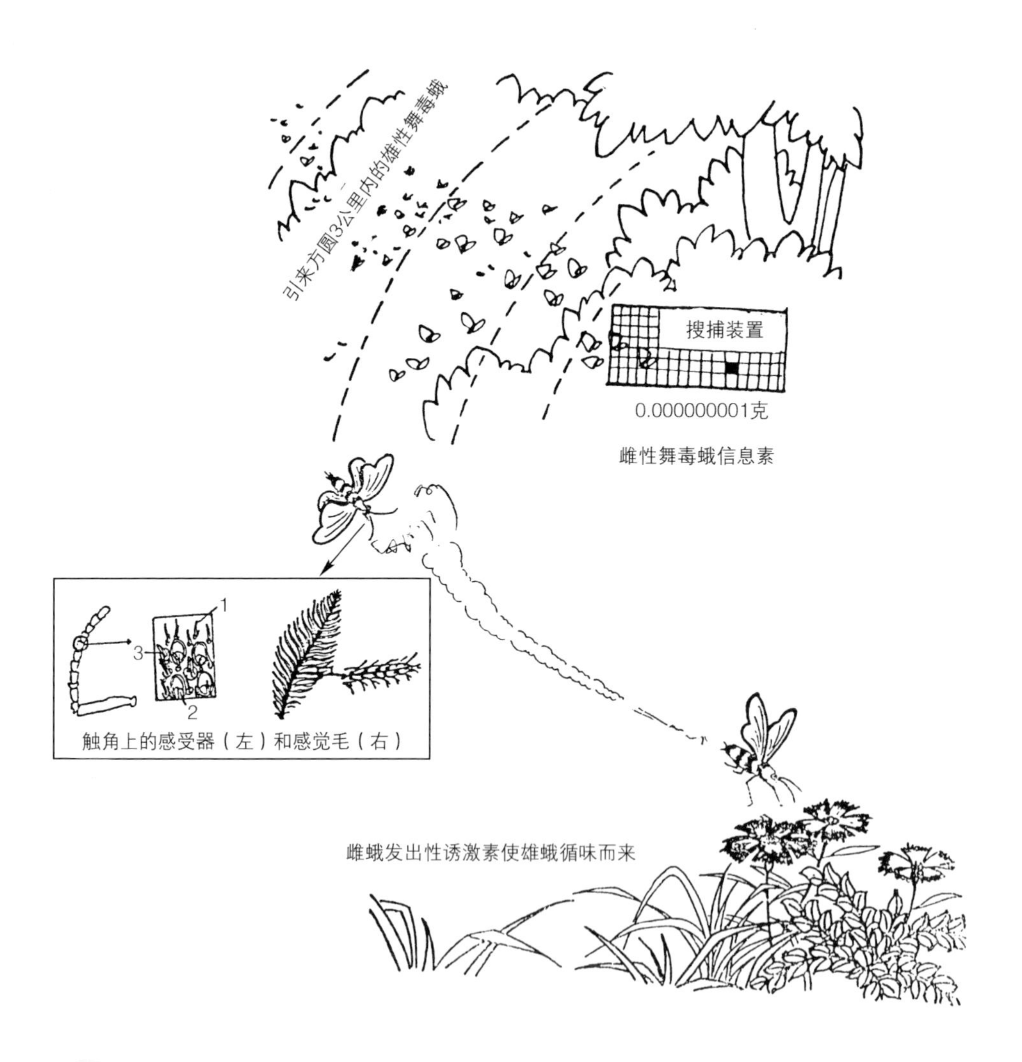

触角上的感受器（左）和感觉毛（右）

雌蛾发出性诱激素使雄蛾循味而来

了世界科学家的重视。经过不断地研究，发现昆虫性信息素确是治理害虫的有效物质。因此人们用雌性性信息素来引诱雄性害虫，聚而歼之，从而达到消灭害虫的目的。

利用昆虫性信息素是一种有效的捕虫手段。迄今已鉴定出200多种雌性和60多种雄性性信息素的化学结构，其中有30多种已经能够人工合成，这为进一步防治害虫，促进农业发展提供了条件。

巨大的威力

昆虫性信息素威力很大，只要几微克剂量的雌性性信息素，就可引诱数百米乃至几公里以外的雄性昆虫。原来静止的雄虫一旦嗅到雌虫的性信息素，就会立即局促不安起来，头上的嗅觉器官——触角也会像“雷达”的天线那样，不停地转动，寻找性信息素发源地。科学家在研究红铃虫时发现，在自然环境下，红铃虫雌虫在准备交尾之前，先释放出性信息素，性信息素迅速挥发，在空气中形成一条性信息带，雄虫一发现性信息带便逆风追逐雌虫进行交尾，而后雌虫就会产下受精卵，繁衍后代。

美国不仅在本土的棉田，还在墨西哥、巴西、东南亚等国家的大面积棉田内，进行了利用性信息素引诱雄性红铃虫的试验，收到了良好的效果。我国科学家曾在6000亩棉田中进行大面积的诱捕试验，其结果是田间雌虫交配率平均下降84.1%，棉铃受害率平均下降了42.5%。

20世纪80年代，英格兰地区的大批树林遭舞毒蛾侵袭，树叶被扫荡而光，树林变成了秃林。由于性信息素的发现，人们将十亿分之一克的微剂量雌性舞毒蛾性信息素投放在诱捕装置中，就把方圆2英里内的雄性舞毒蛾招引来一齐消灭掉了。

科学家还发现，一张吸附着雌虫性信息素的滤纸，对几英里外的雄虫也有诱惑力。美国科学家从性成熟的雌家蝇中分离出能引诱雄蝇的化学成分，涂在用模拟材料做成的假雌蝇上，当雄蝇感觉到这种刺激物质时，都跳到假雌蝇背上，甚至作出与假雌蝇交配的姿势。

农药库的新秀

为了提取昆虫性信息素，最早是把含有性信息素的昆虫尾部末端的腺体取下来，经研磨

和分离，提取出活性物质。然而这是一种粗制的带有大量杂质的粗抽提物，而且为了得到几微克昆虫性信息素，就要从几万只昆虫身上去提取，因此将其作为“农药”广为使用是不现实的。近年来生化技术的现代化，不仅使昆虫性信息素的提取脱离了从虫体提取的方式，而且使人们使用化工合成的方法生产出昆虫性信息素。现在，世界各国都在争相研制各类昆虫的性信息素，它们已成了农药库未来的新秀。

别致的“居室”

昆虫在科学家看来，是出色的“住房设计师和建筑家”，它们建筑的巢千奇百怪，别有一番情趣，有许多称得上是美观、实用的“大厦”和“别墅”喔！

蜜蜂是昆虫中的建筑大师。

地下昆虫的土穴

有一些昆虫建巢在地下，尤其是它们的幼虫，往往在地下开挖一个小坑作为居室，这些居室周围墙壁有的是用从自己身体里分泌出的黏液贴成的，有的是用吐出的丝缠成的。这些昆虫就在里面过着安逸的生活，每当感到饥饿要用餐时，就爬出地面，偷食鲜嫩的庄稼，祸害人类。

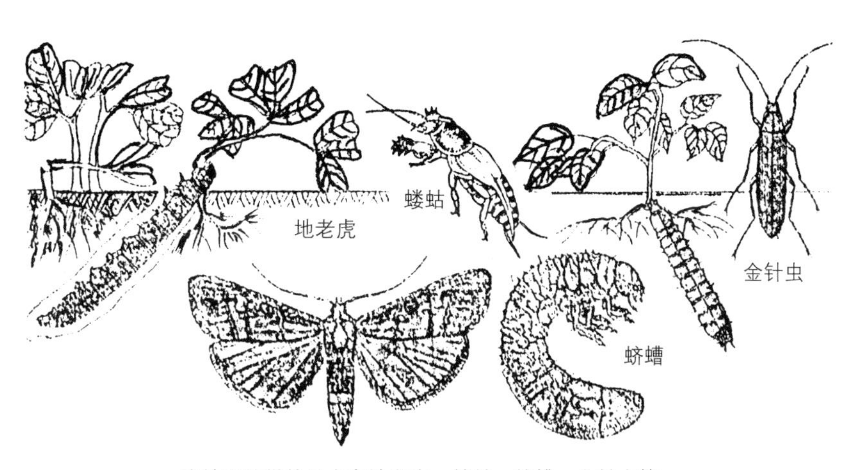

在地下筑巢的昆虫有地老虎、蝼蛄、蛴螬、金针虫等。

在地下筑巢的昆虫有地老虎、蝼蛄、蛴螬、金针虫等，它们大部分是害虫。这些害虫中要算地老虎最臭名昭著了。这类害虫遍布全世界，已知的有 2200 种，在中国有 292 种。地老虎的

幼虫非常厉害，它对农作物的幼苗最为嗜好，成百成千亩的农作物嫩苗在一夜之间便被糟蹋个精光。

为了防治这类害虫，农民翻土犁地，以破坏它们的巢穴；在作物下种前，先用农药拌种，让地下害虫不敢光顾。

螳螂的“水晶宫”

螳螂一直住在陆地上，不知从什么时候起水里也搬来了螳螂。这些水螳螂携妻带儿在水草里、塘壁、石缝间传宗接代，千百年来在与自然的斗争中练出了一套在水里呼吸的奇特本领。

在南美洲的亚马逊河一带生活着的水螳螂，生趣盎然，令生态学家赞叹不已！它们的身上披着细柔的防水绒毛，绒毛能吸附许多奇异的小气泡，气泡里含有水螳螂所需要的氧气。气泡密密层层的，包住了水螳螂，把水螳螂装扮成一个光彩晶莹的水银球。水螳螂在水生植物之间拉丝结网，为了储存气泡的需要，它将住房编织成钟罩形状，恰似耀眼的“水晶宫”。在“水晶宫”里水螳螂不但可以悠哉游哉，还

可以生养儿女呢！附在身上和留在“水晶宫”里的气泡，能缓缓地供应一家人所需的氧气。如果气泡中的含氧量减少了，水中的氧就会补充进去。

在水里的昆虫，称为水生昆虫。它们在水中建设各种“住房”，利用各种水生植物制造

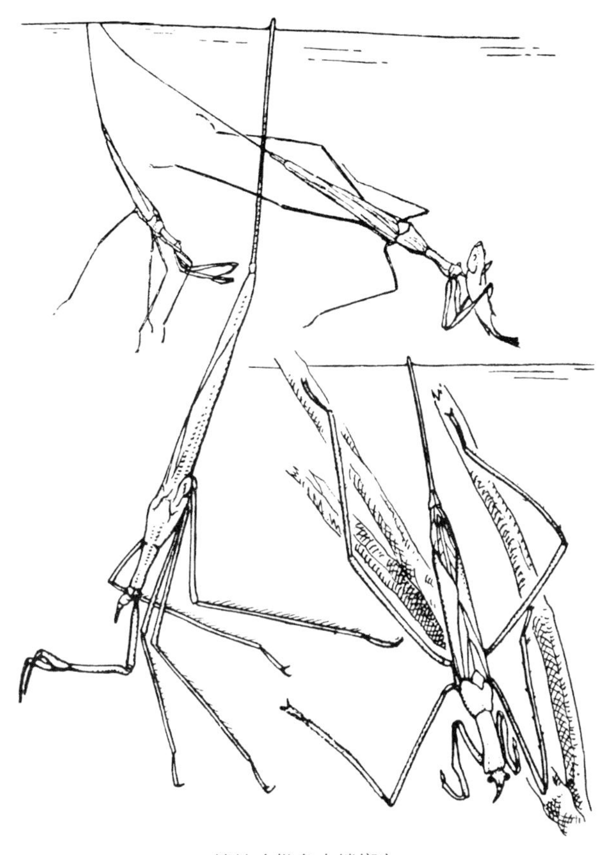

螳蝽（俗名水螳螂）

氧气，一旦离开了水，不但会失去“住房”，也会因不能呼吸而窒息闷死。

精巧的蜂房

长久以来，人们都赞赏蜜蜂的建筑艺术，可是在蜂类中，蜜蜂不是唯一的建筑名师。

在美洲有3000多种蜂，其中2000多种是独居蜂。它们在幽静的旷野上，建筑起一座座像“别墅”、似“篷帐”的蜂房，小巧玲珑，精致实用。

有一种涂泥蜂，它的居室像一排排整齐的泥管纵横交叉，蜂妈妈在里面，独来独往，蜂爸爸只是来作客光顾一下就飞走了。雌蜂独自承担生儿育女的重任。幼蜂长大后，又都分散出去筑穴，成为新的独居蜂。雌蜂很少与外界联系，成了独守空房的寡妇。

另一种独居蜂，称为陶工蜂，它在树杈间筑屋，粗看它用泥土制造的蜂房，犹如一只只涂上油彩、精致的陶制艺术品呢！

土白蚁的“高楼大厦”

在非洲的原野和山岗上，常能看到一望无际的高过人头的土白蚁土丘。这些土丘的外表

很普通，而内部的结构有序严密，地上地下交通井然，蚁房、库房排列得密如蛛网，像是建筑大师精心设计的。

这种土白蚁，是昆虫王国里有名的建筑家，它们修建的白蚁窝往往高达10多米，有5、6个人那么高。有的蚁丘坚固得就像是钢筋混凝土，用斧头也砍不动。

土白蚁的“高楼大厦”。
（图片来源：全景）

奇形怪状的变化

完全变态

卵

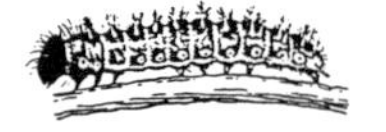

从卵里出来的幼虫

变成了蛹

成虫

蝶一生变了四次，每次都大变样。

世界上的动物千姿百态，它们的繁殖和发育方式不同，长相更不一样。牛生小牛、马生小马、兔生小兔，这叫胎生；鸡、蛇、龟、鱼产了卵，要经过孵化成为小动物，这叫卵生。可是，昆虫不像一般动物，它们在成长过程中变化奇特，姿态复杂。经过长期的观察，昆虫学家把昆虫变化的姿态分了几大类型。

许多昆虫，如蝴蝶、蛾子、蚊子、玉米螟、金龟子、苍蝇等在一个世代中要经过卵、幼虫、蛹和成虫四个阶段的虫态变化，就是说，从卵孵化出来的幼虫，经过几次蜕皮变成蛹，到了蛹期就不吃不动了，由蛹再变为成虫，这样的变化称作“完全变态”，这类昆虫占了很大的数量。

另一类昆虫，不经过幼虫和蛹的阶段，由卵孵化出来后的虫不叫幼虫，称为若虫。“若”，就是像的意思，若虫就是“像”成虫，这样的变化称作“不完全变态”。它们除了身体少数部位外，几乎与父母长得一样。比如蟋蟀、蚱蝉、螳螂、蟑螂、蝗虫等，它们的长相从小到大都很像爸妈，就是个子小了点、翅短了些。若虫变为成虫，其间要经过数次蜕皮，不蜕皮就不能生长，蜕皮的次数因昆虫的种类而不同。蜕皮时这些虫不吃不动，食管内空空的，身体呈半透明状态，蜕皮时旧皮先从胸背部裂开，慢慢连触角都蜕去了，剩下的是雪白的或乳黄色的柔软身体，身体虽变大了，但形象仍与原来的差不多。

不完全变态

卵

孵化成幼虫

长大了模样没有大变

蝽象只是身上的花纹有些改变。

还有一种变化叫“复变态”。以豆芫菁为例，它的成虫是专吃大豆、土豆和菜豆等庄稼的害虫，可是它在幼虫期是吃蝗虫卵的益虫，而且变化比上面的“完全变态”和“不完全变态”的幼虫还要大。它的第一龄幼虫长着长足，这是为了要寻找食物。当食料丰盛到足够幼虫生活时，长足就不用了，到了第二龄幼虫时，变成了短足。到了冬天，为了越冬，又变成了

有硬壳的假蛹。待到来年春天时，又变成了真蛹，渐渐羽化为成虫。这种变态叫做“复变态”，意思是比完全变态又复杂了些。

动物界里要数昆虫的种类最多，数量最庞大，分布最广泛，而且形态也最奇形怪状，这是什么原因呢？这是昆虫为求得生存，千万年来在与自然的斗争中练就的一套适应自然的本领。适合于生存的本领就一代一代地传下来。这样就形成了许多新的品种，组成了一个美妙而神奇的昆虫世界。

生下来的是个卵

第一龄幼虫是这样的

第二龄幼虫变了样

第三龄幼虫

第四龄幼虫

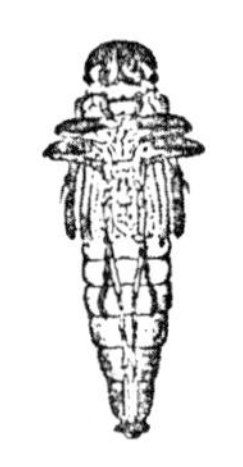

第六龄幼虫
以后变成的蛹

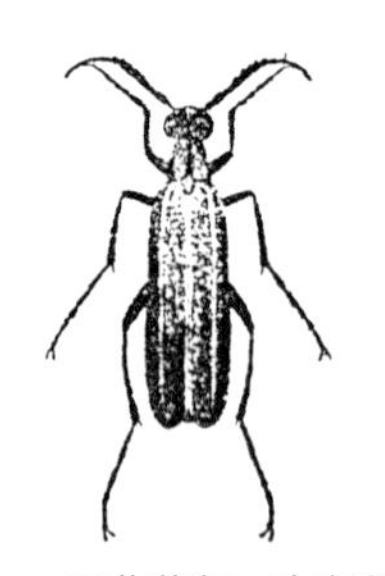

豆芫菁每一次变化
都叫人认不出来

比完全变态更复杂的变态

昆虫的“天线”

在五彩缤纷的大自然里，到如今已发现75万种昆虫，占动物总数的三分之二，并且每年还在不断地发现昆虫新种。这么多的昆虫在这广阔无际的世界上，是依靠什么来寻找“伴侣”、品尝“美味佳肴”、互通“情报”的呢？

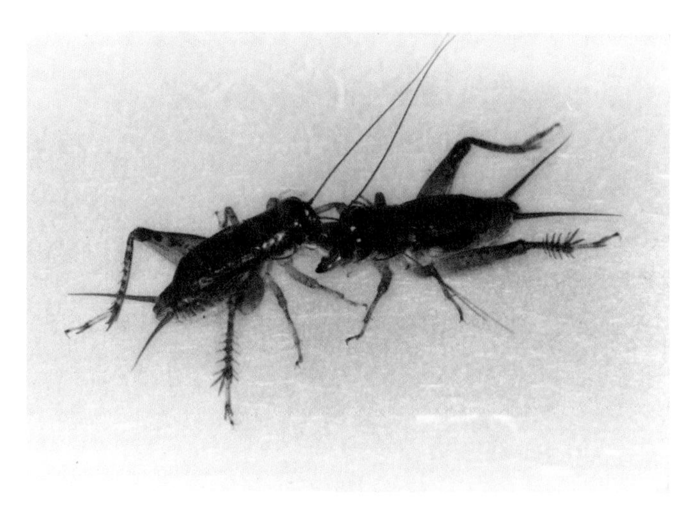

蟋蟀用触角打招呼。

万能的“天线”

原来，昆虫头上的一对触角帮了它们的大忙。由于触角“神通广大”，所以外国人甚至把触角与无线电的天线用同一个英文单词antenna来称呼。

不同种的昆虫，“天线”的用处是不一样的。一些蛾类是靠“天线”来收集异性发出的信号，寻找伴侣的。如雌蚕蛾从其腹部分泌的0.005—1.0微克的性信息素，通过空气的传播，就能被远近的雄蚕蛾的“天线”接收到，分别赶来“赴约”。科学家在天蚕雄蛾翅上用油漆标记后，在下风处从一座城市建筑物的二楼或三楼将其释放，雄蛾能够毫无困难地回到未交配的雌蛾那里去。如果雄蛾不在雌蛾的下风处被释放，雄蛾就难以找到雌蛾了。因为它们只有逆风而上，才能不断捕捉到空气中散布的性信息素，最后找到散发信息的地方。用黏虫、苹果小卷叶蛾、灯蛾等鳞翅目昆虫的雄虫作试验，也可看到它们不畏路途艰险、勇往直前地去“赴约”的情景。

蚕蛾羽毛状触角

有些雄蛾的“天线”不发达，只好用艳丽

的姿态及其雄性的性信息素来传达“情书”。在这类昆虫中，雌蛾的触角非常灵敏，不过它有点“羞羞答答”，多用难言而微妙的动作向雄蛾靠近。如雌杏仁蛾在雄蛾发出信息后，它的“天线”顿时左右抖动，前去求偶。有一种蝙蝠蛾的雌蛾则用“天线”去“亲吻”雄蛾发出引诱物的足尖，用以表示自己的“衷情”。而雌大蜡蛾的触角一旦发觉雄蛾散发出来的类似麝香的气味，便迅速扇动翅，跳着舞蹈去邀请雄蛾，一起尽情起舞后，便依偎在雄蛾的怀抱之中。雄性树蟋蟀靠特别的歌声引来雌蟋蟀后，又将背部腺体中产生的一滴分泌液“赠予”雌虫，雌虫便以触角的敲打，来表示爱慕之情。

触角还可充当联络员。有一种叫“千里达”的斑蝶，每到春末夏初，便组成庞大的远征军，从过冬的非洲向北迁飞，越过阿尔卑斯山，横渡大西洋，以每小时 36 公里的速度在 2 千米以上的空中翱翔。在迁飞途中，它们就是靠触角充当“联络员”，互相结伴而行。

蝴蝶棒状触角

蚜虫的触角又有它特别的用处。蚜虫一生只会生孩子、贪吃东西，无力抵抗外来的攻击，

但它有一种特殊本领：每当被“花大姐”——瓢虫抓住时，能立即从腹管里分泌出一种叫“报警素”的黏稠液体，其气味很快散发开来，告诫同伴赶快逃命。这种以微克计算的“报警素”能被几十种蚜虫的“天线”很快地接收到。另外，每当瓢虫来犯时，蚜虫依靠“天线”便能嗅出这种“异族”凶悍的气息，它们发出逃命的“报警”信息素，或发出一滴甜蜜的“求救”信息素，以摆脱敌人的袭击。

蜜蜂的“天线”用处更是多种多样。工蜂每当完成任务飞返家园时，从不走错门户，它就是靠它的“天线”准确无误地辨别自己的家门“号码”的。据知，从各种蜂巢散出的气味有 13 种以上的化学成分，如果蜜蜂不慎误入别的蜂巢，就有受到“邻居”严密监视和杀害的危险。侦察工蜂返回蜂巢时，如果是几只侦察工蜂从不同方向同时到达，巢内的同伴则能用“天线”判断哪一只侦察工蜂带回的食源信息最宜于采纳。它们只要用触角敲打就能判定蜂巢的建筑是否损坏，并会作出蜂巢的修建方案。蜂巢中的蜂王除了繁衍后代，别的什么都不干，

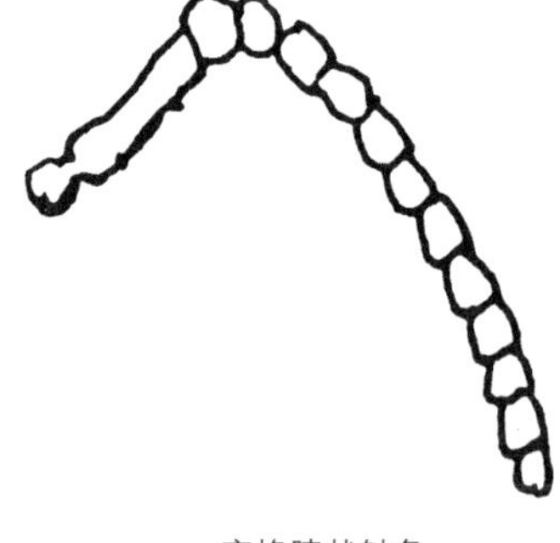

蜜蜂膝状触角

就连进食也不自己动手。一旦饿了，则以触角的奇特动作去抚摸工蜂。于是一批专门侍候蜂王的工蜂便把准备好的食物源源不断地送进蜂王嘴里；当它需要让嘴和胃肠休息片刻时，就把触角分开，示意工蜂暂停奉献食物。

当然，不是所有昆虫的嗅觉器官都在触角上。常见的蟋蟀，它的尾就有嗅觉的功能。蝴蝶的触角对异性有反应，而它的足和苍蝇的足一样，常用来品尝食品的滋味！蟑螂除了头上一对触角外，尾端生有一对尾须，其上长有220根左右的细毛，每根细毛的底部都有一个感觉神经元，对地面和空气中0.05秒的微震都可作出反应，活像一架性能优异的“感震仪”。所以，即使遇上微风或远处人们的脚步声，它也能即刻逃之夭夭。

特异的结构

昆虫的触角有如此广泛的用途，这是由它的特异结构来决定的。从外形来看，触角可分鞭状、梳状、瓣齿状、丝状、羽毛状、棒状、膝状等，且长在头的两侧上方，活动自如。如蝶类的触角呈丝节状，并在尖端总是成一个椭

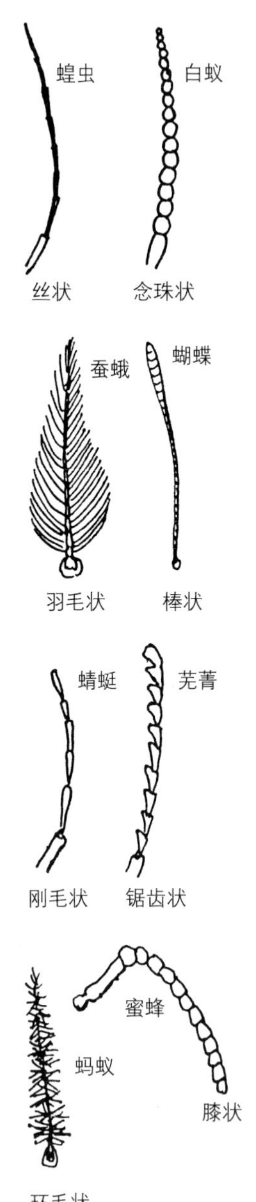

形状各异的昆虫触角

圆形；蛾类的多半呈羽状或梳状；臭虫的像条节鞭；而蟑螂的犹如一长串念佛珠等等。在触角的每一小节的主干及其侧枝上，都分布有不同类型的嗅觉感受器。一般雄蛾触角上的感受器，对雌性释放的性信息素非常敏感，如有一种金龟子，雄虫感受器上的感觉孔就有5万个，雌虫只有8千个；柞蚕的感觉孔有5千个，而家蚕的羽状触角上的感觉孔则多达1.6万个，它们对雌性的性信息素很敏感。这些感受器的外壁由蜡质表皮细胞构成，壁上有许多小孔，小孔通过小管与毛腔接连，毛腔中有千万计的感受细胞，即嗅觉神经元，在显微镜下观察，可以看到许多小孔和纤毛。每当空气中的气味飘入孔中或触及纤毛时，即由里面的感觉细胞将其传送到脑部。昆虫的脑部虽小，却像电子计算机，非常灵敏。例如蜜蜂的脑，重量只有几分之一克，体积比针头还要小，但它却具有产生和解释复杂信号的能力，并把发出的信号迅速传递给触角及其外部器官，使其及时采取行动。蟑螂头上的一对触角，有3千个左右的毛孔，对甜、酸、苦、辣均能反应自如，能嗅

到气味分子，并借以寻觅食物和配偶。

触角上各种感受细胞的部位是不同的，但从目前的资料来看，还找不到它的规律性。如蜜蜂的嗅觉器官，位于触角上部的四节，而下面的四节则另有“重任”。蜜蜂为了酿造蜂蜜，就是凭自己的这些嗅觉器官，在无数的花丛中翩翩起舞。据测算，蜜蜂每酿造 1 公斤蜂蜜，其无数次飞行往返的总行程长达 45 万公里。而甜菜金针虫雄性成虫的性感觉细胞，则在触角末端的第 8 节上，一旦这一节受到损害，它就不能感受雌虫发出的性信息素，即使雌虫在它身边，它也不会产生求偶的动作。

独特的用途

随着科学技术的发展，人们已能将昆虫的一些“通讯”物质破译成各种化学结构式，将其用人工合成的办法制成各种新型的药剂，分别诱杀雌虫和雄虫。

据初步统计，自然界中可利用性引诱剂来引诱的昆虫已有 400 多种，其中引诱雄虫找雌虫的有 300 多种，引诱雌虫找雄虫的有近 100 种。在这些昆虫中，鳞翅目昆虫占据多数。人们利

用这些“天线”般敏锐的感觉器官，分别在雌虫和雄虫中鉴定出了40多种性信息素的化学结构,其中30多种已能人工合成,可供生产上使用。如国外用棉铃象虫的合成性信息素，以及用玉米螟、小蜡螟蛾、皮蠹等的合成性信息素作诱饵灭虫，都收到防治效果。近几年，美国在本国和世界各国对棉红铃虫的合成性信息素进行了大规模试验，我国也在这方面作了积极努力。

除合成性信息素外，还可直接利用雌虫和雄虫发出性引诱剂的能力，来引诱异性成虫。比如用雌性蟑螂的气味引诱雄性蟑螂；用雌性舞毒蛾所产生的气味来诱捕雄性舞毒蛾；用雌性的苹果蠹蛾来引诱雄性苹果蠹蛾等等。这样也可收到显著的防治效果。国外有人用12只棉铃象虫的活雄虫，在5.5亩棉田中诱捕雌性棉铃象虫，结果使“虫口”密度减少了80%，花蕾受害率减少了90%。

昆虫过冬的特技

北风呼啸，天寒地冻，冬天来临了。喧闹非凡的昆虫们，一下子便寂然无声了。它们是采用什么妙法抵御严寒侵袭的呢？

翅上的“聚热器”

人们常把蝴蝶称为“会飞的鲜花”。它们五彩缤纷，看上去花团锦簇，构成了大自然的绮丽景色。蝴蝶之所以五光十色，是由于翅面上有鳞片。

鳞片中含有不同的色素粒，加之鳞片的构造十分别致，上有各种形状的脊纹，因而阳光从不同角度照射到蝴蝶身上时，因折射和反射作用，蝶翅便会出现不同的颜色。

阿波罗绢蝶

使人感到意外的是，蝶翅竟还有御寒的作用。珍珠蝶是一种日出型蝴蝶。一旦外界气

温下降了，它们能利用翅使自己的体温保持在35℃上下。在万里无云的时候，珍珠蝶不仅通过扑动翅产生热量，而且能接收和积聚太阳光的热量。珍珠蝶的翅上披着无数毛茸茸的鳞片，它们宛如亿万面镜子。当这些镜面与太阳光垂直时，光能就被大量吸收，使身体变得暖和起来。如果这些镜面稍有偏转，被加热的程度就会差一些。就这样，珍珠蝶依靠变动翅的角度来控制受热面，使获得的热量达到最大值。倘若体温过高了，它们就会变动翅的角度，使体温略有下降。在这里，蝴蝶的翅简直成了“聚热器”。

巧用树叶挡严寒

蓑蛾科昆虫俗称皮虫，其幼虫的越冬方式独树一帜。为了对付鸟类和其他天敌，它们用树叶织成奇特的长袋，躲在里面过冬。原来，在树叶的叶脉间有四通八达的导管。树叶依靠导管汲取水分和养料。新鲜的树叶弹性较强，皮虫是卷不动的。皮虫会将叶面上的导管咬断，由于水分和养料得不到供应，树叶很快便开始枯萎，弹性也渐渐减弱。这时，皮虫就一使劲，把树叶的边缘往自己的身边拉，最后将树叶卷

裹成小袋，并在袋内吐丝缠叶，构筑像蚕茧那样的内壁。大功告成后，它就可以在袋内安营扎寨了。

每当深秋季节，人们往往可以看到有些植物叶片被挖了一个个椭圆形的洞。这就是切叶

一只切叶蜂切下新鲜树叶后停在叶片上休息。
（图片来源：全景）

蜂的杰作。雌切叶蜂整个身体宛如一只圆规，它把后足固定在叶片上当圆心，身体在叶片上按圆周方向边转边画圈，同时用两个锋利的大颚在叶片上挖一个西瓜籽那样大小的椭圆形的洞。一张叶片上往往被挖了好几个洞，这些洞的大小和位置始终如一，就像是从一个模具里压出来的。最后，切叶蜂把成叠的叶片运到地下或空心树木里面，筑成一排排蜂房。每个巢都是由剪下来的叶片重叠而成的椭圆形“住宅”，切叶蜂在里面放上花蜜和花粉后，就进去产卵越冬。有人作了一番统计：每只切叶蜂在地下或空心树木（树洞）中可以建 30 个蜂房，所需的椭圆形叶片至少要有 1 千张。

蜜蜂的“防冬俱乐部”

蜜蜂在适应严寒生活方面是独具一格的。

蜜蜂的“防冬俱乐部”就在蜂巢之中。初冬时节，蜜蜂就渐渐不愿离开自己的暖房——蜂巢了。到了深冬季节，蜜蜂便很少长时间单独呆在靠近蜂巢外壁的地方，因为那里较冷，有被冻伤的危险。这时候，它们除了取食平时贮存的蜂蜜获得热量之外，还围着蜂王“抱成

一团”，组成一个既大又密的蜂巢团队，快速地在蜂巢里爬来爬去，靠运动取暖。这样，蜂巢里的温度可以保持在35℃左右。如果蜂巢团队最外层的蜜蜂冷得受不住了，它们就会里外换一个位置，进行“换防”。整个严寒季节，它们就这样不停地运动和“调防”。

蜂巢中孤独的幼蜂又是怎样度过这寒冬腊月的呢？要使幼蜂正常地生长发育，蜂巢里的温度必须保持在35℃。为此，工蜂像称职的保姆那样，每天给幼蜂喂食1300多次。此外，在蜂巢中的工蜂还聚集在一起，形成一道绝热层，用自己的身体使幼蜂免受严寒的侵袭。倘若这样做了以后，幼蜂仍然感到十分寒冷，工蜂便干脆扮演起“抱窝鸡”的角色来了：它们张翅舞足，使蜂房内的温度升高，以保护已孵化出来的幼蜂。

极地昆虫的生存之道

人们在千里冰封的极地，发现了50多种昆虫。其中包括英国探险队的科学家在离南极极点只有500公里的地方发现的一种小蜘蛛。在气温低达 −50℃的非常寒冷的环境中，这种小

蜘蛛是怎样生活的呢?

原来，极地有一些雪藻和真菌类植物，它们扎根在冰缝下的石缝里，在表面蜿蜒缠绕成浓密的丝簇。这些植物的个儿都不高，没有几个品种高过人的脚踝。它们组成了艳丽缤纷的深色生物庭园。那匍匐的雪藻平贴在雪地上，沐浴在混沌的阳光中。被晒热的藻团在光合作用下，经过代谢活动会释放热量。小蜘蛛就在其间拉丝缠网，组成“小暖房”。这种小暖房里的温度比外面高得多，小蜘蛛在里面生活得十分舒服，饥饿时还能取食那些自投罗网的小生物。

居住在极地的昆虫一般身体颜色都比较深，这样可以更好地吸收阳光，小蜘蛛当然也不例外。南极的夏天是没有黑夜的，一天 24 小时始终阳光普照。小蜘蛛是不会放过极地夏季的大好时机的，一旦阳光透过云层，它们便把黑色的躯体对着太阳，尽情地吸收热量。待极地之夏一过，小蜘蛛就开始冬眠了。

天然昆虫抗冻剂

在耐寒性方面，昆虫并不亚于其他动物。

科学家发现，在耐寒昆虫的“皮肤”里，有一种特殊的色素细胞。这些细胞的大小随时会发

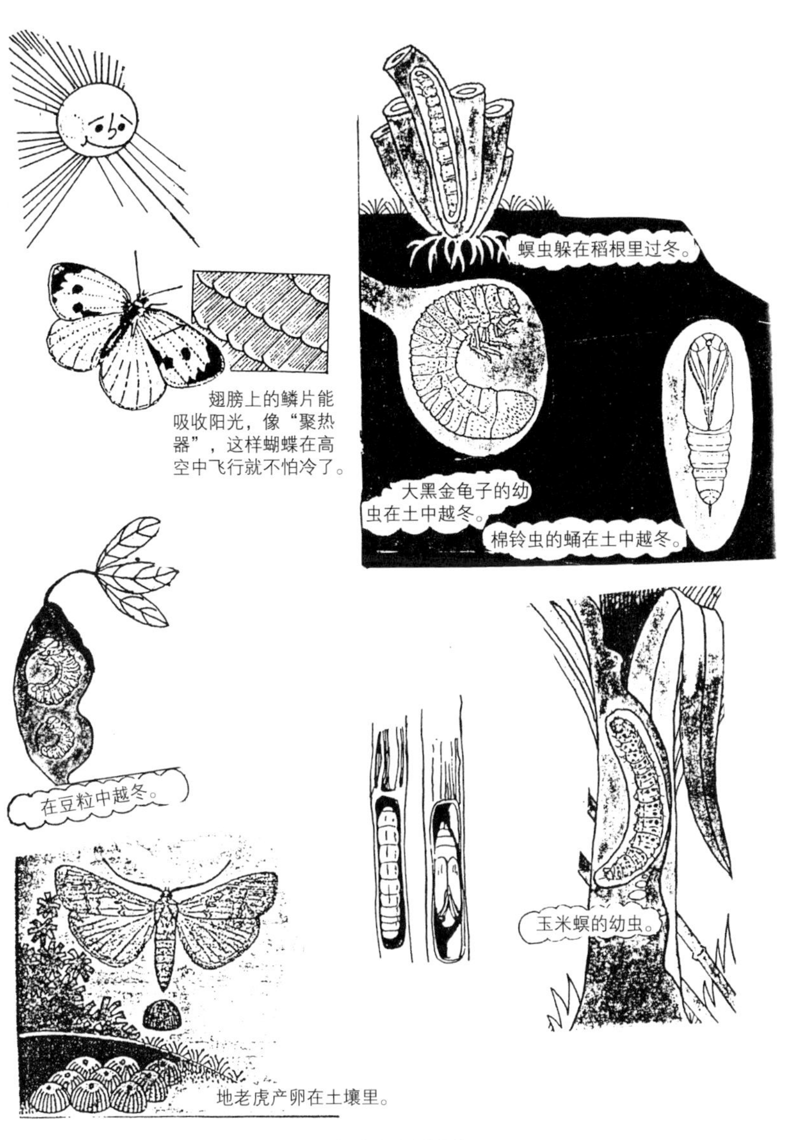

昆虫越冬各凭本领

生变化：当细胞膜胀大时，皮肤的颜色就变浅，皮肤能很好地反射光线；当细胞膜缩小时，皮肤的颜色就会变深，能吸收更多的光和热，这时昆虫的身体会被晒暖。万一身体被晒得太热了，昆虫体表的色素细胞（膜）就开始膨胀，以防体温进一步升高。

昆虫还会运用体内水分的变化抵御严寒。昆虫体内的含水量通常为体重的70%—80%，其体内的水分一般可分为游离水和结合水两种。游离水是昆虫从食物和大气中直接获取的水，这种水大多还没有直接参与体内的生物化学变化过程，很容易结成冰。结合水已在昆虫体内参加了一系列生物化学反应，水分本身的物理性质已经发生变化，在零下32℃时也不会结冰，可以提高昆虫的抗寒能力。为此，昆虫在过冬前会尽量增加体内的结合水，排除游离水。

有些昆虫的耐寒能力是十分惊人的。生活在寒带的麦茎蜂，在零下33℃的环境中依然不动声色。更厉害的是一种过寄生生活的小茧蜂，在零下47℃的时候它们照样安然无恙。有趣的是，没有被低温冻死的麦茎蜂，却往往被比它

更耐寒的小茧蜂所吞食。近年来，美国休斯敦大学生物学家约翰·鲍斯特发现，有些昆虫的血细胞里有一种类似甘露糖醇的化合物，它会降低血细胞的凝聚力，从而保证了低温下血液的正常流动；同时，它还能阻止细胞液形成冰晶，避免昆虫因细胞急速脱水而死亡。这种化合物被称之为生物抗冻剂。当外界气温逐渐下降时，无翅蝇之类的寒带昆虫就会不断产生抗冻剂，使体内这类化合物的量渐渐增多，以摆脱被严寒冻死的厄运。一旦外界温度渐渐回升，抗冻剂的作用也会随之而削弱，此时昆虫便复苏了。

三尾褐凤蝶

昆虫的隐身法

生死搏斗，弱肉强食，乃是生物界生存竞争的规律。占动物界四分之三种类的小小的昆虫，借助一套变幻莫测的本领——“隐身”技能，得以在地球上生存和发展。昆虫这种高超的隐身战术，学名称为“拟态”。

拟态，是英国自然科学家贝氏(Batesian inimicry)和德国动物学家穆氏(Mullerina mimicry)提出来的。18世纪，两位科学家曾到巴西亚马孙河流域远征考察。他们发现，部分无毒昆虫会模拟各种形态，并装扮成有毒、有害或不好吃的种类，使鸟类或别的动物不敢盲目捕捉，它们则伺机逃命。他们把类似这样的昆虫，除种名外再加上“拟态”的称号，从此“拟态”昆虫普遍受到重视。

 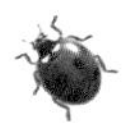

蝗虫的拟态

昆虫的“拟态”基本上分为伪装和恐吓两种。竹节虫、枯叶蝶属众所周知的伪装拟态，而瓢虫、甲虫、蝴蝶则属恐吓拟态。这类昆虫身上有一种“眼形斑点”，平时藏而不露，摺合或掩盖在体表里，一旦受到袭击，就本能地将其展示

出来，那醒目眼斑，仿佛凶兽双眼，虎视耽耽。小鸟望而生畏，昆虫却安然无恙。对此，科学家进行了广泛的研究，发现没有眼斑的蛾类受到惊扰时，只能完全靠伪装保护自己，甚至受到触动时也静伏不动；有眼斑的蛾类受到碰触时，则伸展双翅表示威吓。当试验者把蝶蛾翅上有“眼形斑点”的鳞片磨去，再进行同样的实验时，鸟类就毫不迟疑地向蝶蛾发动袭击。

目蝶，醒目眼斑似凶兽双眼。

特殊的虫语

占动物世界三分之二的昆虫，种类繁多，但它们恰能通过各自的特殊“语言”进行联系通讯，达到寻食安家、生存繁衍的目的。在这些“语言”中又分成了声音语言和气味（化学）语言两大类。

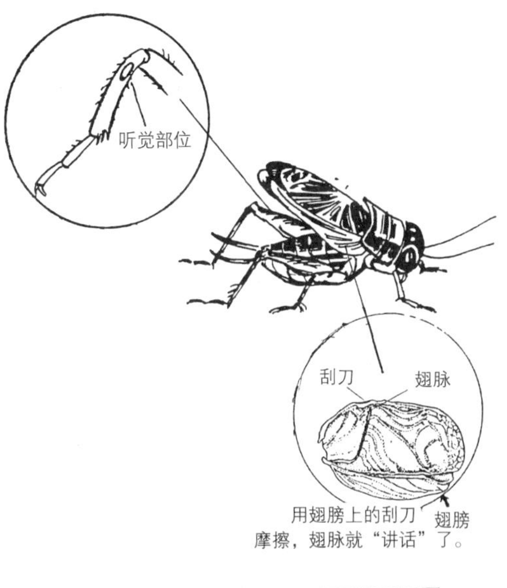

用翅膀上的刮刀摩擦，翅脉就“讲话”了。

声音语言：蝗虫、蝼蛄、蟋蟀的雄虫靠着翅振动、摩擦起声，吸引雌虫来交配。每当蝗虫的头领扇动翅发出沙沙的声音时，大批的蝗虫便会尾随着铺天盖地地从一处飞到另一处去啃食庄稼，它们飞翔时能遮日，停留时使寸草不剩。蝼蛄同样是农作物的大敌，科学家用仪器模仿蝼蛄的声音在田野中播放，将它们诱骗到盛有农药的诱捕器里聚而歼之。雄蟋蟀每逢决斗前和胜利后就会振翅高唱；秋月高照时，

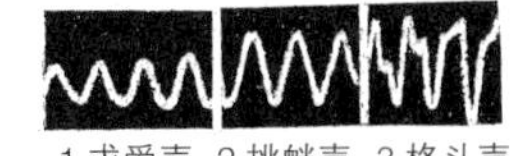
1 求爱声 2 挑衅声 3 格斗声

蟋蟀不同鸣声的波形

雄蟋蟀在洞穴内“演奏”着动听的“情歌”，雌蟋蟀就会来赴约。

蜜蜂的语言更为丰富优美，它们因身份不同，分工不同，用来表达的语言也不同。工蜂们都用剧烈的运动方式扇动翅来表明自己的工作时间、劳动种类、距离长短，以取得同伴的支持；一旦工蜂寻觅到了食源后，它们更是手舞足蹈、前后摇摆地振动着翅，用舞蹈语言报告蜂群采蜜方向和距离。作战蜂却常常严阵以待，操纵着身上的武器——毒刺，犹如一名持枪的卫士守卫着家园，当大敌当前时，则群起而攻之，战斗打响后，整座蜂巢几乎全是由它们发出的声音，当击退了入侵之敌，它们就既无声又安分地在家园前后左右巡逻了，此时所发出的语言是一种安全的声音。

雄蛾的触须

气味语言：雄蛾没有鼻，却能依仗头上的触须感知 3 公里外雌蛾释放出的气味，循着气味来与雌蛾相会。

同样，蝴蝶以此为信号与上千同伴从北美洲迁飞到南美洲，旅程有几千公里呢！这是因为它们的尾部分泌出一种特殊的化学物质，这些物质能成为分子状态的气味飘散在空间中，

它们能以此取得联系，获得行动的方向。

蟑螂昼伏夜出，并且喜欢聚集在一起。蟑螂的粪便中含有一种特殊的化学物质，名叫“集结激素”，蟑螂以此就能嗅到同伴的住处，于是便聚集在一起。科学家化学合成了这种物质，做成“灭蟑剂”，放在诱捕器中，蟑螂嗅到这种气味就会来自投罗网了。

蚂蚁也能“讲”这种气味语言，它们在所经过的路途上，排出这些气味分子作为“路标”，以指示同伴觅食、聚集、休息，甚至自卫战斗。它们用触须互相碰撞，急促地轻敲几下，仿佛在悄悄告诫“战斗就要开始了”或者传递收兵的命令。蚜虫是繁殖量很大的害虫，它一边吃庄稼，一边还在生小蚜虫呢！可是有一种比标点符号还小的蚜茧蜂，却是蚜虫的天敌，蚜茧蜂能在远处几米甚至几十米处嗅到蚜虫身上散发出的气味，于是便寻味而来，飞到蚜虫身上，弯曲腹部，用自己尖细的产卵管，犹如一把锋利的弯刀，向蚜虫猛刺，在蚜虫体内产下卵粒，待卵粒孵出幼虫，幼虫就在蚜虫体内寄生，直到将蚜虫体内的营养耗尽为止。

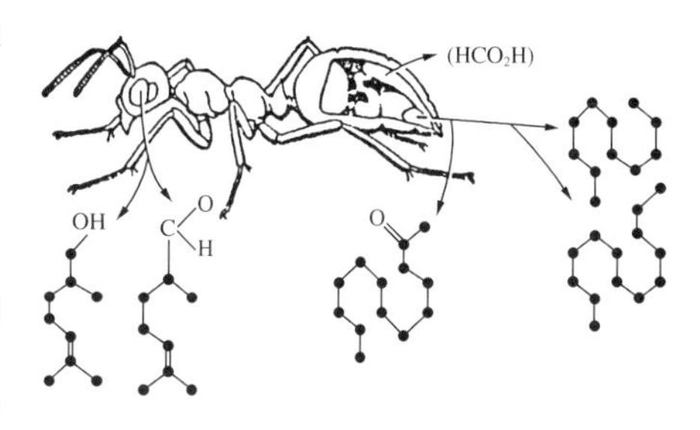

蚂蚁和它的“气味语言”

六只足与现代化

虻的复眼

虫眼“遥感”

苍蝇、蜜蜂和蜻蜓等昆虫，能准确地停留在所要猎取的“食物”上，这是因为它们有着非凡的视力。

以苍蝇为例，它的眼睛是由单眼和复眼组成的，单眼是一种感光器官，而复眼不仅能感光、分辨色素，还能观察活动、静止物体的各个方面。复眼是由千万个互相间隔的小眼构成的。家蝇的复眼就由4千多个小眼组成，每个小眼是一个小型视觉系统，它由晶体、传光系统、敏感的视网细胞组成。每个小眼对着不同的方向，千百个小眼就像印刷厂的制图网版一样，网版越精细，制出的图片越清晰。

这种高速度、高分辨、高效的虫眼，博取

了无数仿生科技人员的赏识并使他们加以研究。他们首先在照相术上利用虫眼，进而将其运用到光学、电子学等各学科，以及复杂的遥感技术（它是空间科学的一个十分重要的组成部分）。从本世纪初发明飞机，并从飞机上拍摄了第一张航空照片后，出现了航空摄影技术。第二次世界大战后，航空摄影已不是一种单一的科学技术，而是进入综合性的遥感领域了。利用遥感技术，利用离地160公里处的空中侦察卫星，可以区分场地，可以分辨某国某城市一条大街上的行人是男人还是女人及其是否吸烟。甚至草地上的高尔夫球，报纸上的标题，车辆型号，坦克天线的长短，汽车牌号和轮胎印痕，这些都能通过遥感相片判定。

“冷光”工厂

近代科学对萤火虫的发光机理进行了有成效的研究。萤火虫之所以能发光，经分析测定，是因为其体内有萤光素和萤光酶，以及存在于一切生物体内的高能化台物，简称ATP(化学名:腺苷三磷酸）。萤光素在萤光酶的催化作用下，由能源物质ATP“助燃”，通过发光细胞就使

闪闪的萤光发出了。

萤火虫的发光系统具有很高的发光效率。萤火虫体积虽小，能量却大，如果千百只萤火虫聚集在一起，其光亮和色彩是类似的照明灯泡不能比拟的。人们得到启发，就摸索这种天然的发光现象，先是进行生物提取，后来用化学方法人工合成了萤光素和萤光酶，制成了一种“冷光”光源。目前美国正在发展利用这种“冷光”光源。普通的钨丝灯泡，它的发光率只有百分之二左右，其余作为红外热给散发掉了，“冷光”却能弥补这一不足，它几乎能将化学能百分百地转变为可见光，为现代光源效率的几倍到几十倍。

钨丝灯泡和冷光灯
（图片来源：全景）

“冷光”可当矿井中的闪光灯，遇瓦斯不会爆炸；可用作潜水工程水下发光灯。冷光没有电源，不会产生磁场，可以作为照明光源，在军事上用于清除磁性水雷。不仅如此，它还能帮助我们进行医学测定和诊断疾病。如果把“冷光”广泛运用于公共场所的大厅、繁荣的街道和商店，以至手术室、实验室等等，那时，发光发热而耗电的各种照明器具就要让位了。

如上所述，运用了昆虫仿生的各类创新不胜枚举。如为了消除飞机机翼上的颤振，人们从蜻蜓翅上的翅痣得到启示，改进了机翼的设计。又如螳螂可在百分之五秒的一瞬即逝的短时间里，捕获掠过眼前的昆虫，人们以此用现代化电子技术追踪系统仿制了虫眼速度计。再如，模仿许多昆虫的鼓膜器制成或正在研究各种探测器，如雷达、自动报警器等等。总之如何让号称“六只脚”的昆虫在现代化建设中大显身手，还需要人们作进一步的努力。

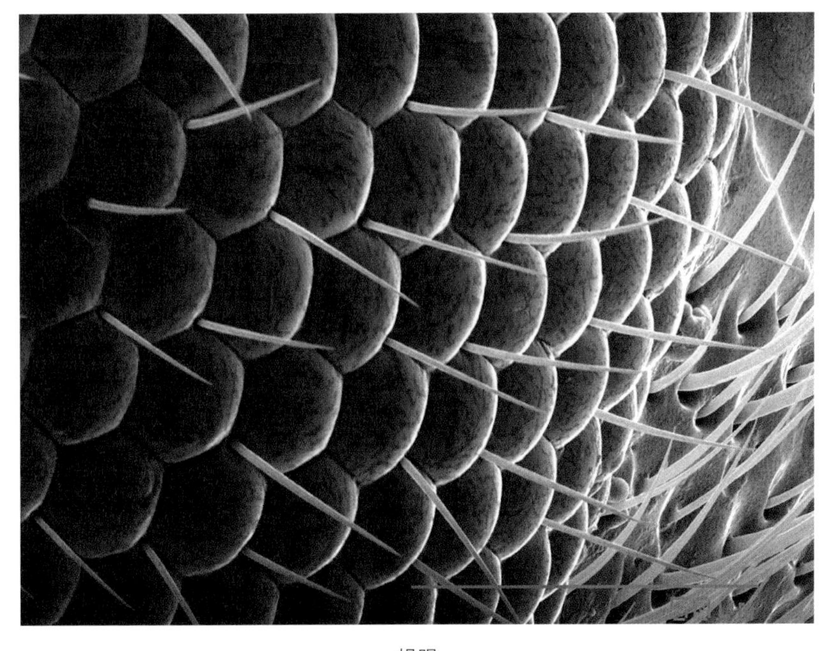

蝇眼

（图片来源：全景）

繁殖力惊人的昆虫

惊人的繁殖力

从来没有人对昆虫的子孙——卵，进行系统的调查，因为昆虫的繁殖力大得惊人，简直无从着手。雌虫在短暂的一生中，大量产卵。一只家蝇一年产5.5亿个卵。一只白蚁的蚁后每秒钟可产卵60粒，一天产卵多达1万粒以上；长寿的蚁后一生能产5亿粒卵。一个由3百万白蚁组成的白蚁群，可能全都是一只蚁后的后代。蟑螂靠着繁殖的本领，竟在地球上传宗接代3亿年。

科学家利用雷达和电子计算机算出，一只棉蚜的后代如都活着，按150天计算，就能繁殖6万亿个后代；一个地区的蝗虫群一次大量产卵繁殖时，总重量超过6万吨。历史上最大的蝗虫繁殖纪录是1889年红海上空出现的蝗

虫群，估计有2500亿只，重量达55万吨，飞行时声振数公里，遮天蔽日，太阳为之失色。1944年我国山西23个县发动25万人参加灭蝗，共灭蝗虫1200多亿只。可见昆虫卵的数量之大，令人惊叹。

各色虫卵

巧妙的产卵法

虽然如此，但多数人难得见到虫卵。为什么？这是因为昆虫产卵时的做法极其巧妙，它们把卵产在泥土、石缝、叶片组织等遮蔽处。卵即使暴露在外，也由于卵体纤小，又有各种保护形和保护色，因此不易发现。昆虫产卵器的作用也颇为有趣，它们有的善于切割，有的能钻洞，有的如锯齿。如姬蜂，产卵器长达6英寸，能伸进树皮深处，找到泰加大树蜂幼虫，再把卵产在它体内，靠寄生传代；有的姬蜂在植物内钻一个孔，把卵产在植物组织内部，那株植物既可给幼虫提供食物，又可保护它不受外来侵袭。又如锯蝇，产卵器上长着锯齿，可锯开植物组织产卵，卵凭借植物组织孵化发育。

此外，许多雌虫能分泌一种保护液体，它既快干又防水，且能把卵牢固地粘着，以保护虫卵。如树枝虫，分泌黏液给每只卵做一个保护罩。螳螂分泌大量黏液，并用腹尖把黏液搅成泡沫，在泡沫间做一个个小室，每室有一扇“门”，黏液未硬化前，螳螂把卵产在一连串的小室里，泡沫冷却变硬后，尤如一块坚硬的

昆虫巧妙的产卵法让昆虫子孙——卵很难见到

泥疙瘩，对卵起了保护作用。草蜻蛉在草叶的表面分泌一点黏液，并将其拉成一条比头发还细的长柄，卵就产在长柄顶部，飘在空中，悠哉，悠哉！

科学灭卵

害虫孵化虫卵，不断传代，对自然界和人类危害极大。为了消灭害虫，除了采用杀虫剂外，还研究各种方式除害灭虫。以虫除虫就是人们长期研究的一个课题。如寄生蜂就是以昆虫卵为寄主，这种昆虫卵之所以能招引寄生蜂来寄生，是因为卵中有一种起引诱作用的“利他素”信号化合物。用科学方法把这种化学物质溶解、浓缩、提取，喷洒在害虫卵上，能引诱寄生昆虫来产卵，而害虫的卵就在一场生物信号战斗中被消灭。

此外，国内外在致力于对一种新颖的创造发明——人工卵进行研究。人们知道，赤眼蜂是昆虫中有名的专吃害虫的一种寄生蜂，它“一马当先”，力斗“群魔”，无数危害极大的农林害虫，如玉米螟、甘蔗螟、稻纵卷叶螟、松毛虫、苹果卷叶蛾等都是它的“手下败将”，被消灭率为60%—80%，它在国内外作为“活农

药”推广使用。俄罗斯、美国已进行工厂化生产，我国的使用也从南方扩大到东北地区。但随着用蜂量的增加，繁殖赤眼蜂用的昆虫卵供不应求，这限制了赤眼蜂的进一步推广使用。不久前科学家已在人造寄生卵的研究方面取得突破，他们用人工营养物和人工材料制成人造卵，即用鸡蛋黄、牛奶、鸡胚液、氨基酸溶液等配制成不加寄主（昆虫）物质的培养液，赤眼蜂食后能正常产卵、孵化，一直到化蛹。这使多年来不用昆虫物质配制营养液、用人工物质进行工厂化繁蜂的愿望，有了实现的可能。这种人工卵，由于其材料简便易得，成本低廉，在农村普遍推广为期不远了。

蝴蝶的卵

“天线、遥感、导航”与苍蝇

苍蝇
（图片来源：全景）

苍蝇在疾飞之时突然会准确无误地下降到它要叮食的物品上，这种准确的动作使人叹为观止，然而人们却不会注意到这是苍蝇借助了发达的视觉器官的结果。苍蝇头部有三只单眼，在其两侧还生有一对复眼。单眼里有感光器官，复眼则不仅感光，还能分辨色素，观察活动、静止物体的各个侧面，它由 4 千多个六角形小眼组成，每个小眼的晶体犹如一个凸透镜，有聚光感像、传光系统，每个小眼对着不同的方向感受一个印像，这样千百个小眼就如印刷厂的制图网版一样，网版越精细，制出的图片越清晰。

这种高性能的虫眼，引起了无数仿生科技人员的重视，他们对其加以研究，将其用于

照相术，进而将其用于光学、电子学等各学科以及复杂的遥感技术（它是空间科学的一个十分重要的组成部分）。现在已能模仿蝇眼制成一种新的“蝇眼”照相摄影仪，其镜头有的由一千多块小透镜粘合而成，具有极高的分辨率。这种照相机可用于复制电子计算机精细的显微电路，在飞机、卫星上，不仅能拍照，还能遥感各种紫外、红外微波等不可见的光波。

本世纪初发明了飞机，并从飞机上拍摄了第一张航空照片后，出现了航空摄影技术。第二次世界大战后，航空摄影技术已不是一种单一的科学技术，而已扩展为综合性的高速度、高分辨、高效的遥感技术。利用上述蝇眼遥感技术制造的高空侦察卫星，在距地面160公里处，可以分辨一条大街上行人的性别及其是否在吸烟，报纸上的标题，车辆型号，坦克天线长短，汽车牌号和轮胎印痕等。利用遥感技术，可高空勘察石油资源，准确程度达到百分之九十五，也可迅速发现某些危急事件，如冰山融化、洪水、林火等，并可及时报警。

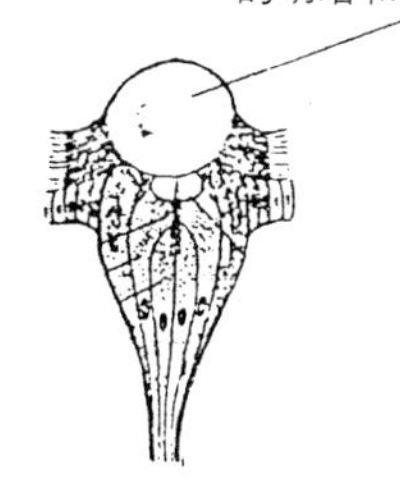

复眼和单眼结合起来看东西，物体就完整了。

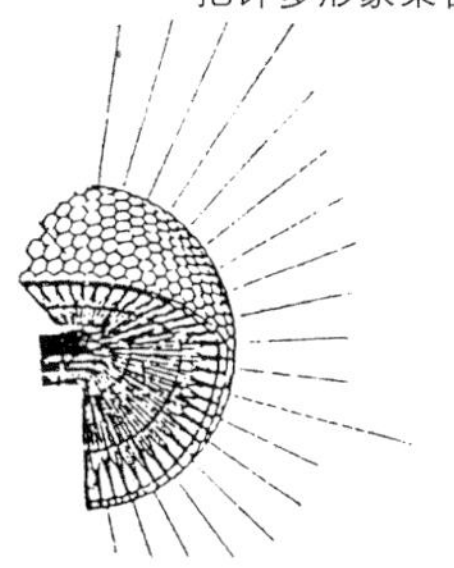

飞行“杂技家”

苍蝇的一对后翅（昆虫生理学上称为揖翅）是保持其“航向”的天然“制导”系统。苍蝇能够随意上下左右翻滚飞行，甚至扇翅停留在空中，可谓是一位飞行“杂技家”。揖翅俗称平衡棒，状如哑铃，这是为了适应自然选择需要而由后翅逐渐退化而成的。苍蝇飞行时揖翅以每秒330赫兹的频率振动，在三分之一秒内可发挥出横向、上下和侧向运动的能力。每当苍蝇作剧烈的倾斜、俯仰或者急转弯而偏离其预定的航线时，这个器官底部的感受器就处于紧张状态。此时揖翅振动平面发生变化，其基部感受器便向蝇脑发出偏离信号，蝇脑神经中枢经过综合分析便发出信息，把偏离航向拨正过来。苍蝇自身作出了一种陀螺反应，保持了稳定，如同孩童玩陀螺时发现其运转不稳随即用绳子抽打使之平衡一样。科学家根据苍蝇揖翅的原理，成功研制了“振动陀螺仪”等装置。目前科学家正在进一步仿效昆虫的飞行平衡器官，努力寻找新颖的、精湛的控制系统的设计方案。

飞行中的苍蝇
（图片来源：全景）

第四章

小昆虫，大趣闻

白蚁不是蚂蚁

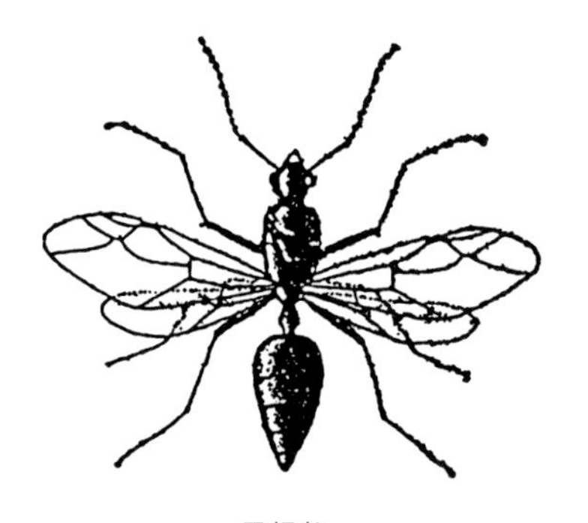

黑蚂蚁

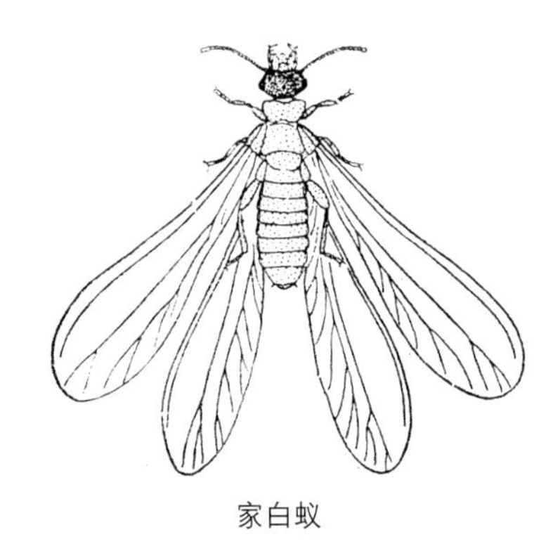

家白蚁

人们常把蚂蚁和白蚁混为一谈，甚至把二者都称作蚂蚁。其实，在昆虫世界里它们是完全不同的两个类群。

白蚁在昆虫学科里属等翅目昆虫，蚂蚁属膜翅目昆虫，它们都属于社会性昆虫，都是筑巢穴居的小昆虫。白蚁是古老的昆虫，在2亿年以前就生活在地球上的热带和亚热带地区，科学家曾找到了1.3亿年前的白蚁化石。当时它们结伴举行飞行婚礼，双双在巨大的松柏树上稍作休息时，被树干上流出的树脂粘住，在地下经过了漫长的岁月，化石完好地保存了下来。而蚂蚁则是距今约7千万年前才出现的。

白蚁属于比较原始而低等的昆虫，蚂蚁属于比较高等、后起的昆虫。前者翅上的脉纹复杂如网状，翅比身体还长。蚂蚁成虫的翅较短，

翅脉简单。但二者的多数种类是无翅的。

白蚁多数为乳白色或灰白色，胸腹间的腰不细，而蚂蚁多数为黄色、褐色、黑色或桔红色，胸腹之间的腰特别细。

昆虫一般要经过成虫、卵、幼虫、蛹的阶段，但白蚁与蚂蚁的蛹期不一样，前者的蛹在不停地动，后者处于静止状态。

白蚁的工蚁和兵蚁都怕光，因为它们的眼已退化，可是它们在巢内却有发达的交通网。蚂蚁不怕光，白天到处觅食，但在巢内从不修筑道路。白蚁主要取食木材和含纤维素的物质，它们的家族大多不会贮存食物。而蚂蚁食性很广，荤、素、杂食都吃，还要准备大量的贮藏食物。

白蚁

（图片来源：全景）

蜘蛛不是昆虫

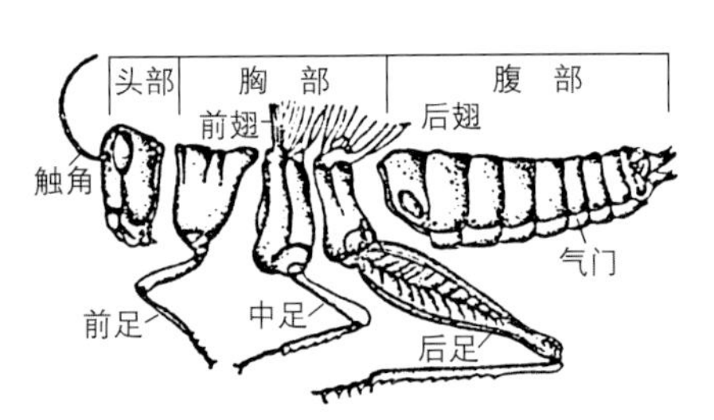

昆虫身体分为明显的头、胸、腹三大体段，胸部生有四翅六足，这就是昆虫特征的概括。

就动物界而言，种间常会混淆误传。把蜘蛛视作昆虫者颇不乏人，且在文章间也屡屡见到。

动物界里有一个很大的节肢动物门，门下有很多纲，其中有一大类群称昆虫纲，还有另一大类群叫蛛形纲，虽说都属节肢动物，却在分类上有显著的区别，尤其在成虫阶段最容易区别。昆虫是六足，其成虫大多有翅，而蜘蛛的足却比昆虫多，有八只，没有翅，其他如头、胸、腹，一生的变化都有不同之处，而且大部分蜘蛛是有益的，少数种类是有毒的。

蜘蛛经分类已有 3.5 万种以上，我国达千种以上，而且还在增多。蜘蛛的故事和它的趣事可多呢，就名称而言，小如尘粒的叫尘蜘，

大如拳头的叫食鸟蛛，食鸟蛛生性凶残，从小虫到飞鸟都能捕猎。非洲有种食鸟蛛，它结的网非常结实，经得住几百克的重量，捕猎鸟雀不在话下。

蛛网也是有别于昆虫的一大特征，有的昆虫虽吐丝或结茧，但它们不像蜘蛛网那么形状多样且坚韧，其性能已成了当代高科技的尖端课题。由于大量生产蛛丝存在困难，科学家已经研究了产生蛛丝蛋白的生物克隆技术，计划将蛛丝蛋白基因导入希氏大肠杆菌之中，因为大肠杆菌容易繁殖，而且便于进行生物克隆技术的操作。这样利用细菌来生产蜘蛛丝就方便多了。

蜘蛛是吃害虫的能手，美国研究蜘蛛的专家赖克德教授指出：蜘蛛不但每天吃掉的昆虫总量是自身重量的2倍多，而且还会将60%—80%的害虫从庄稼地里赶跑呢！

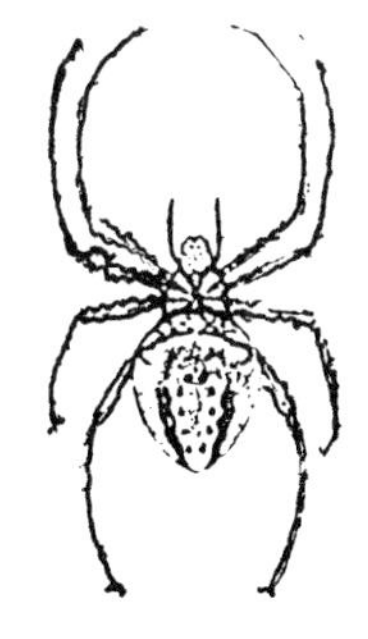

蜘蛛

蝎子

马陆

蜈蚣

蜘蛛、蝎子、马陆、蜈蚣都不是昆虫

蚕宝宝为什么要摇头晃脑

中国在5000年前的新石器时代就开始养蚕了，相传伏羲氏化蚕桑为锦帛，黄帝的妻子螺祖教民养蚕，这在河南安阳殷墟陆续出土的甲骨文中已得到记录。

养蚕是为了产丝，除了家蚕（桑蚕）会吐丝以外，许多野蚕如天蚕蛾科的柞蚕、樟蚕、樗蚕和麻蚕等都会吐丝。但蚕宝宝吐丝时为什么要摇头晃脑呢？这其中有着昆虫生态学方面的科学道理。

原来蚕宝宝到了幼龄末期时，体内的丝蛋白腺体已趋成熟。蚕吃的桑叶中含有蛋白质、糖类、脂肪和水分等，这些成分经过消化分解，变成了丝腺蛋白质。蚕宝宝为了进入结茧阶段，必须将体内的丝蛋白全“吐”尽，但“吐”出

的丝蛋白怎么结成茧呢？

其实，蚕的丝并非是“吐”出来的，而是在攀住各类纤维物后拉出来的。蚕将丝蛋白液粘住这些攀附物，然后摇头晃脑，用力分泌丝蛋白液，丝蛋白液一旦分泌，即刻就遇到空气中的氧，与氧结合后就凝结成绵绵不断的蚕丝。它先在攀附物上结了极薄的外层茧，并继续以此层为攀附物，躲在里面不断地摇头拉丝结茧，直到把丝拉尽，成为一颗蚕茧为止，而自身却渐变成了一只蚕蛹。

科学家在实验中发现：如果蚕的脑袋不摆动，它就找不到攀附物粘住丝液，丝也就拉不出来，这样时间一长，蚕就会成为僵蛹。如果人们将丝头拉住，就会有接连不断的丝被拉出来。一旦丝拉断了，蚕又会不断地摇晃着头寻找挂丝的攀附物。所以蚕不停地摇头晃脑，目的是不断地将丝拉出来。

家蚕作茧

“朝生暮死”的蜉蝣

在夏日的昆虫中有一种叫“蜉蝣”，因其生命短暂，被喻为“朝生暮死”。

蜉蝣
（图片来源：全景）

相传古希腊的学者亚里士多德在观察这类成虫在空中飞翔时，见其顷刻坠落而死，就用“Ephemeron”来表达，意为“朝生暮死”的短命的东西。人们又见其飞行的姿态酷似在水上漂游，便把它定名为蜉蝣类昆虫。全世界已发现蜉蝣类昆虫2千多种。

在我国的《诗经·国风》中，赞美“蜉蝣”之羽，犹如美丽的衣裳；蜉蝣之翅，恰似多姿多彩的衣服。考古学家从化石鉴定中得知，早在2.5亿年以前已出现这种昆虫。

夏夜它们在灯光下群舞，驻足细看，小小的翅像蜻蜓的翅，远眺，隐隐好似一块丝巾在

空中飘浮，可惜隔天便死了。它的稚虫长期生活在水里，不断地在体内积贮营养物质，供以后发育为成虫交配产卵用。成虫以其厘米之躯，产卵竟多达 2 千至 3 千粒，以至从腹部到头部都被卵粒充满了。它有口器，却不会吃食，消化器官像气球，充满了空气，使它有升举的能力。

蜉蝣盛发时，大群而来，蔚为观止。在美国东北部五大湖边的高速公路上，常铺满了蜉蝣遗体，使得桥梁和路面滑得不能开车，巡警也无从追究，只能常用卡车来铲除蜉蝣的遗体。蜉蝣的稚虫在水中，是优质鱼类饵料，也是净化水质的能手，它体内有 7 对功能发达的过滤器，水从第 1 对过滤器进入。蜉蝣不断滤取水中的氧气，消化水中的有机杂质，最后一对过滤器滤出来的，便是洁净的水，所以有蜉蝣的水域就鱼肥水净。

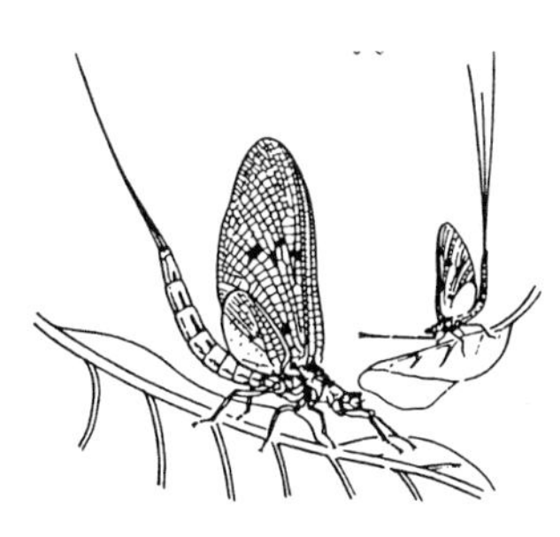

美丽的夏日昆虫蜉蝣

蚕宝宝
为什么爱吃桑叶会吐丝

“我是春蚕，吃了桑叶就要吐丝，哪怕放在锅里煮，死了丝还不断，为了给人间添一点温暖。”这是巴金老爷爷的名言，它既是老作家自己勤勉一生的真实写照，又写出了春蚕的特性。

蚕在昆虫中属鳞翅目蚕蛾科，它们和各类昆虫一样，在远古时已生活在地球上。昆虫适应自然的办法首先是取食，要使身体器官的变化与能觅到的食物相适应，这样才能伴随自然的发展生存至今，由此便产生了什么都吃的杂食性昆虫、专食一种食物的单食性昆虫和有选择性地吃多种食物的寡食性昆虫。而蚕宝宝原先除吃桑叶外，还能吃蒲公英、生菜叶、榆叶、无花果叶、莴苣叶等。在5千多年我国劳动人

民的养蚕史中，人们发现蚕对桑叶特别嗜好，蚕对桑叶中挥发出的香气尤其敏感，吃桑叶的蚕吐丝结的茧质量好、产量高。久而久之，桑叶就成了蚕宝宝唯一的食物，蚕宝宝也就成了单食性昆虫，在人工饲养下繁衍发展至今。

在实验中得知，在器皿内放置各种类型的植物叶片后，蚕靠着它的嗅觉和味觉器官会辨别出有桑叶气味的器皿，然后会慢慢爬来取食。科学家又将桑叶和各类植物叶片分别进行提取，把提取出的挥发性物质又一一分涂在滤纸上，任其挥发，远在咫尺以外的蚕嗅到各类气味后，就会很快爬向涂有桑叶提取物的滤纸，这说明蚕对桑叶的趋向性特别强，同学们也可尝试做一下这个实验。

动物的排泄物与它吃的食物有关。蚕吃了桑叶会吐丝，桑叶便成了蚕宝宝在体内制造蚕丝的原料。桑叶的成分有蛋白质、脂肪、糖类、纤维素、矿物质和有机酸等。桑叶到了蚕体内后，经过各种消化酶的作用，蛋白质、脂肪、糖类等被进行消化加工，变成各种氨基酸，有丙氨酸、丝氨酸、甘氨酸、酪氨酸等，其中丝氨酸是制

造蚕丝的“主角”，经过蚕体内的丝腺体被再加工后，成了丝素和丝胶，被吐出来后与空气中的氧气结合，就成了一根缠绵不断的银丝。

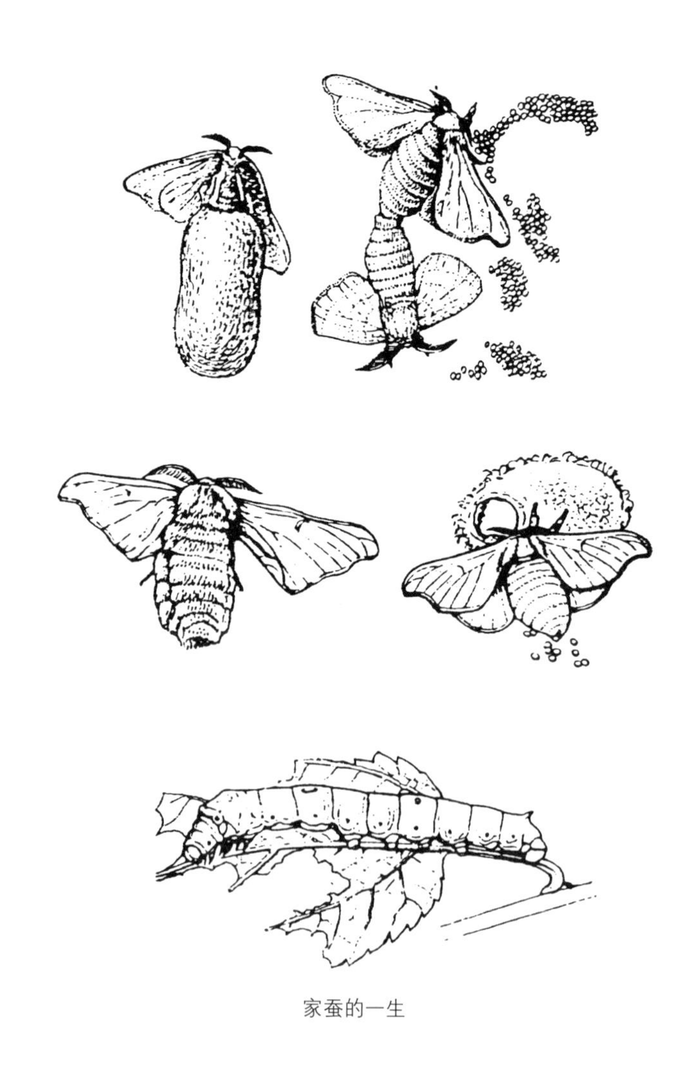

家蚕的一生

米蛀虫喝水吗

夏秋季节，在家庭贮藏的粮食里，常常会看到米蛀虫爬上钻下，它蛀食大米、面粉、玉米和豆类等。

米象

蛀食粮食的蛀虫，主要有谷蠹、谷象、谷蛾、蚕豆象、绿豆象等几千种。幼虫能从谷物的内部蛀食，成虫能从外部啮食谷粒。不久前有 40 多个国家组织了近 6 百多位科学家进行研究，得出的统计数据表明，农作物在收获后约有 20% 被这些害虫糟蹋掉，其程度仅次于老鼠对粮食的危害。

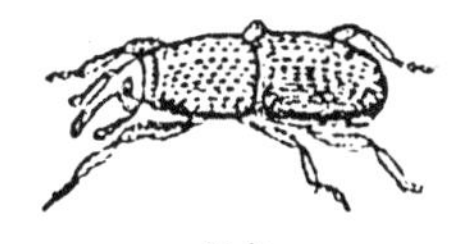
谷象

黄粉虫

这些蛀虫有各种蛀食的本领，有的能让米粒蛀一个个小洞，有的能将米粒粘成棉团状，还有的将粮食蛀成粉末……它们吃的都是干谷物，却不喝水，如米象成虫每 1.2 万条总体重

为15.9克，平均每条1.5毫克，把这些米象放置于50公斤的粮食中活动，它不仅能生存下来，而且能繁衍后代。那么，这些米虫为何不会因干渴而死亡呢？

杂拟谷盗

大谷盗

科学家做过一项试验，在藏有蛀虫的干燥粮食附近，盛置了一些水，结果并没有发现有蛀虫偷吃水的痕迹。他们还解剖了米蛀虫，发现它的身体里含水量超过自己体重的一半以上。米蛀虫从不喝水，它的体内的水分又是从哪里来的呢？

原来，粮食中都含有糖、脂肪等营养物质，米蛀虫吃了米粒以后，米粒在体内经过一种特殊的生物化学过程。糖氧化分解，经过化学反应后生成水，叫做代谢水，这是米蛀虫体内的一种特殊水源，能够起到水分的补偿作用。米蛀虫这种生理上的特殊功能可了不得哩！它能够把100克的脂肪，变成107克的水。

米蛀虫在生活中，自已能不断制造出水来，于是就拼命蛀食米粒，消化大米，吸收其中的养料，然后将其转化成更多的水分，大量的大米就这样被米蛀虫蛀食了。米蛀虫正是在这种

代谢水的帮助下，吃了干燥的粮食，才不会“口渴”，也不会干死。

麦蛾幼虫

不过粮食即使再干燥，里面总是含有部分的水，也直接提供了米蛀虫生活、发育所需要的一部分水分。如果粮食中含水量低于12%，也不利于米蛀虫的发育了。

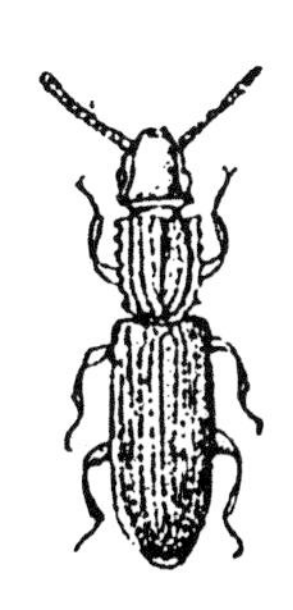
据谷盗

综上所述，家家户户不要过多地贮藏粮食，以免蛀虫泛滥，同时，当存粮潮湿的时候，应将存粮放在通风处晾晒，目的是尽量散发里面的水分，以保持干燥，再放在通风阴凉的地方贮藏起来。粮食仓库还必须采用科学管理粮食的方法，用机器自动记录和调节仓内的温度和湿度。要保持粮仓干燥通风，也可用真空干燥方法处理。过去曾用氰酸气、氯化物、溴甲烷、环氧乙烷等药品来熏蒸仓库，以防蛀虫孳生。家里的米缸内，如放些花椒（用纱布包好，每5公斤米放50克）、大蒜头等，也能收到抑制米蛀虫活动的效果。

谷蠹

第五章

饲养昆虫，乐趣多

饲养昆虫

饲养昆虫，古已有之，养蚕即为一例，但把昆虫扩大为食用、医用、农用和工业用，却是近代才有。

昆虫的营养价值颇高，国际上已将8类，63属，373种昆虫纳入了食谱之中。昆虫不仅成了高级佳肴，还被加工成了罐头食品。以昆虫为食品的国家很多，其中要首推墨西哥人了，他们已习惯于食用蚂蚁、蝉、蚂蚱、黄蜂、粪堆虫和蜻蜓等昆虫。尽管昆虫在动物总数中占了四分之三以上的数量，经饲养食用的毕竟为数不多，这可能是因为人类第一次尝蟹时那种疑惧心理在作怪，以及烹调加工方法还没有得到很好解决。

以昆虫作为药品早有文字记载，在李时珍

的《本草纲目》中就记述了106种昆虫。由于近代科学的发展，有的昆虫已列入了治癌良药的行列，如斑蝥素即是。另外，冬虫夏草经化学提取，成了药用虫草素，能治补兼用，具有润肺、益胃、止血、化痰、催眠等许多功效，国外纷纷要求采购中国的昆虫药材作科学研究之用。日本用先进的医药工业从中国的冬虫夏草中提取出了十多种虫草素衍生物，英国戈兹沃西教授还从蝗虫肌肉中分离出一种能代谢肌肉内脂肪的激素，用来预防冠心病。台湾的科技人员从25万只蝴蝶的头、脑、胸、腹、翅等部位中分别进行抽提试验，结果发现在翅中存在着一种叫异黄喋呤的抑癌物质。

用昆虫作工农业原料也是相当可观的，如白蜡虫是化学工业上的一种重要原料，紫胶虫则是电器、塑料、油漆、造船工业方面的原料。饲养苍蝇幼虫作为禽畜高蛋白饲料，已在美国、俄罗斯、德国、朝鲜等许多国家推行。用粪便养蝇蛆喂鸡，其干粉含有61.2%的粗蛋白、23%的粗脂肪。我国不少地区也饲养蝇蛆，开辟了新型的饲料资源。用蝇蛆干粉喂鸡，增重

率提高了67%，又缩短了产蛋期；用来喂猪，其增重率提高70%—139%。

据国外报道，人工饲养的昆虫种类已接近800种。每种昆虫都有自己特定的“食谱”。科学家在实验室中饲养昆虫，以观察其生理生态规律。

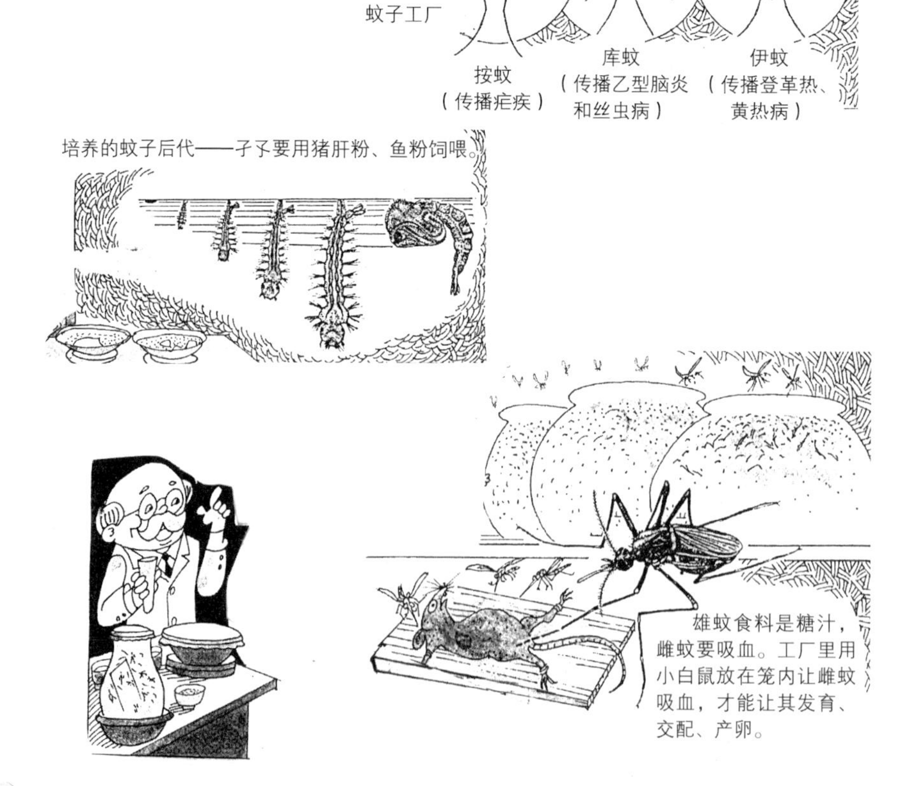

饲养“叫哥哥”的乐趣

它是夏令应市的一种鸣虫，它身披碧绿彩衣，胸阔体圆，有两根长长的触须，形如一只大蝗虫，在南方称“叫哥哥”，北方爱称其为“蝈蝈儿”。这种昆虫分布很广，北到山东，南到广东海南。

叫哥哥的鸣叫声自古以来被人们称为吉利之声，声如“吉——吉，吉——吉，吉——吉”。它可长时间地鸣叫，其鸣声随温度的变化而产生节奏上和音调上的变化，通常历时20—30秒，偶尔超长的也有。

叫哥哥（螽蟖）
（图片来源：全景）

叫哥哥的各种品类中，端午节后出现的叫“花叫”，鸣声低。立秋后出现的叫“旱叫”，体健可越冬。野生捕获的叫“绿哥”，体呈绿色。人工孵育的叫哥哥，体色翠绿有光泽的，叫“翠

哥”；深紫带有铁色的叫“铁哥”；绿而带白的叫“糙白”。其中以“铁哥”和“翠哥”较为珍稀。其眼的颜色又有绿眼、黑眼和红眼之分，红眼翠哥最珍奇，黑眼铁哥也受人喜爱。

每当夏天，在大街小巷，小贩肩挑设摊，沿街叫卖。叫哥哥自古以来被人们称为吉利之虫，买上一只，吊挂屋间，可为孩儿压惊逗乐，又让少年儿童从饲养中得到生物知识的启示。然而饲养小虫却也有不少学问，如能认真掌握其生长规律，叫哥哥将陪伴你共度暑期好时光。

选买叫哥哥，要挑足壮，不残，胸宽，腹大，须长，红眼，鸣声响亮，翠绿色纯的，符合以上标准，称上乘之品了。买回家的叫哥哥，一般装在竹编小笼里。夏季气候酷热，光照强，叫哥哥喜阴怕光嫌闷热，虫笼要悬挂在通风凉爽处，切勿挂在直射日光下。大伏天，每天应给它洗浴一次，用喷壶浇淋全身。

各种鸣叫昆虫有“热鸣”和“冷鸣”之分，会随季节和温度的变化，而改变其鸣叫的长短高低。叫哥哥一般适宜在30℃左右时鸣叫，属“热鸣”。昆虫有声感系统。比如房间东面一只叫

哥哥鸣声刚起，隔壁邻居的一只也会随即应和，于是共同唱起了一首悠扬的协奏曲。你不妨用录音机将鸣声录下，然后放送，可诱发叫哥哥不断鸣叫，比赛歌喉。

饲养叫哥哥的饲料，以毛豆为最佳，要求新鲜。在平时可掺以饭粒，或灯笼青椒，或西瓜皮。毛豆每天 2—3 粒够了，不宜过量。不然天天饱餐，叫哥哥反而贪懒不大叫了。

在白露过后，由于气温转凉，叫哥哥体热散发少，不必让其饮水和浇淋洗浴。入秋后虫体进入老龄，新陈代谢减慢，体衰以致咀嚼能力减弱，贮于冰箱内的毛豆或黄豆可用温水浸软，每天饲喂 1—2 粒即可，同时应饲喂一小段青菜（卷心菜、黄芽菜也可），米饭 1—2 粒，并将叫哥哥从笼中移出，放置在毛竹筒或葫芦内，有利保温。在平时的夜晚，应将饲养盛器移放至室内温暖处，防止其受冻。这时对叫哥哥可采取“放养”方式，打开饲养器具，任它攀爬活动，但不宜放在通风寒冷处玩耍。此时的叫哥哥，虽是晚年的叫哥哥，却仍令人爱不释手，情意绵绵，偶而有叫声，听来又如深沉的男低音，别有一番情趣。

夏天，小贩把叫哥哥放在这样的笼子里叫卖。
（图片来源：全景）

怎样饲养蟋蟀

蟋蟀，因玩的人多，分布的地域广，所以别名雅号也不少，有财积、蛐蛐、促织等等。而其种类却更多，据昆虫分类学家统计，蟋蟀属昆虫纲、直翅目、蟋蟀总科，已有3100多种。

玩蟋蟀的历史由来已久
（图片来源：全景）

玩蟋蟀的历史可追溯到唐朝，那时的大街小巷里，就有买卖蟋蟀的生意经了。雄蟋蟀发出“曜曜曜……”的鸣声，雌蟋蟀则发出“铃铃铃……”的声音，雄蟋蟀向雌蟋蟀求爱时会不时发出“唧唧吱、唧唧吱”的鸣声。很久以来，饲养蟋蟀都是一件大难事，直到如今，还没能解决大量饲养的难关，这也属于高科技的研究内容。饲养方法一般如下：

饲料配制：

小型的家养可因陋就简，就地取材。蟋蟀虽品种多样，食性多异，但一般品种都以素食为主，荤食为辅。饲料可以随手可得的动、植物碎料为基础，但要注意新鲜，果蔬方面，可以将苹果片、菜皮、黄瓜、南瓜、茄子等切成小块，加上黄豆粉或其他杂粮；动物方面，以鱼、肝、碎肉为主，这样的饲料少许即可，要经常调换，防腐败变质、防病菌污染。

饲养用品：

1．水罐一个，可用剩下的空罐壳，不要生锈的，以免不清洁。也可用搪瓷杯、陶罐。

2．水槽一只，玻璃的、木制的都可以。

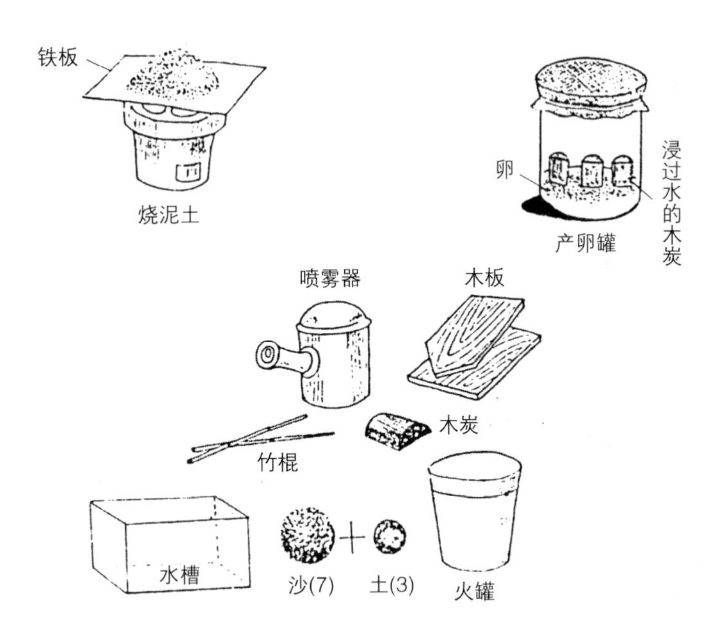
铁板
烧泥土
卵
浸过水的木炭
产卵罐
喷雾器
木板
木炭
竹棍
水槽
沙(7)
土(3)
火罐

南瓜
茄子
苹果
黄瓜
鱼粉
粮食

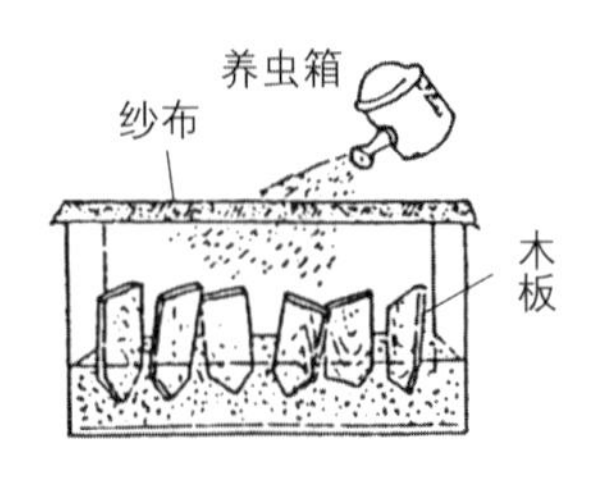
养虫箱
纱布
木板

家养蟋蟀示意图

3．沙7份，要在水中淘洗，去杂物；泥3份，尽量用表土以下的，因为表土以下的杂质较少。

4．木炭1—3块。

5．竹棍2根，用作搅拌饲料。

6．薄木板数块，大小根据养虫箱的体积而定。

7．喷雾器1只。

8．如养虫箱图所示，在泥沙中竖立木板，插入土中的木板基部尽量要清洁，以免发霉腐烂影响蟋蟀的健康。使用木板，是为了能让蟋蟀停留在上面栖息。可以使蟋蟀有较多的活动场地和空间，并避免其互相残杀。养虫箱一定要先选择好，以玻璃箱（外面蒙上黑纸或黑布）、木板箱、塑料箱为宜，但一定要清洁，不能用盛过有毒或有异味的东西的箱子当养虫箱。

9．产卵罐。最好用泥瓦罐，目的是保湿、保温、避光，让雌虫单独生活并产卵，以及让卵能孵化成幼虫。

以上的沙和泥，必须连续在太阳下直晒2—3天，然后放在铁板上慢慢地用文火充分烧30分钟，烧好后，以7份沙、3份泥土的比例混合，

这是为了杀死泥土中的细菌和螨类，达到消毒目的，使蟋蟀有个安全清洁的环境。然后用喷雾器喷湿，但使用的水要清洁。

饲养方法：

一般1—2天换1次新饲料。用喷雾器喷水时，必须注意土壤的干湿状态，以3天喷洒1次为宜。天气干燥，气候炎热，水蒸发量大，可多喷些；天气阴湿，少喷些水。喷水时不可喷到蟋蟀的身上，可以先把蟋蟀赶到一个角落再喷。

每天清除粪便，把脏物清理掉，尽量不要触碰蟋蟀，以免伤害其身体。

如果能捕到或购置到一对蟋蟀，便可让其交配产卵。雌雄蟋蟀共居生活后，一般会进行交配，约经3周，雌虫腹部膨胀起来，此时将雌虫取出，放入产卵罐内。产卵罐中的木炭，先在水里浸泡1天，然后将木炭竖直插埋在土内约1/3处。它能防止蝇蛆进入吃掉蟋蟀的卵。产卵期间，雌虫会将产卵管插入泥土中产卵。

产卵后将雌虫移出，容器上盖纱布，温度保持在25℃。早上放在向阳处，晚上放在室内，

各用喷雾器均匀地喷水1次。约30天后，幼虫孵化出来了，到时将树皮洗净，将其凹面覆盖在泥沙上，使幼虫有藏身之处，此时要将动物性的食物，如肝、血骨粉，与黄豆粉掺合后，放在小容器内喂养，这对幼虫的健壮成长有好处。大约8—10天，经过蜕皮后幼虫长大了，由于幼虫需要活动场地，所以可逐渐将幼虫移置于养虫箱内，同时配制动、植物饲料一起喂养。

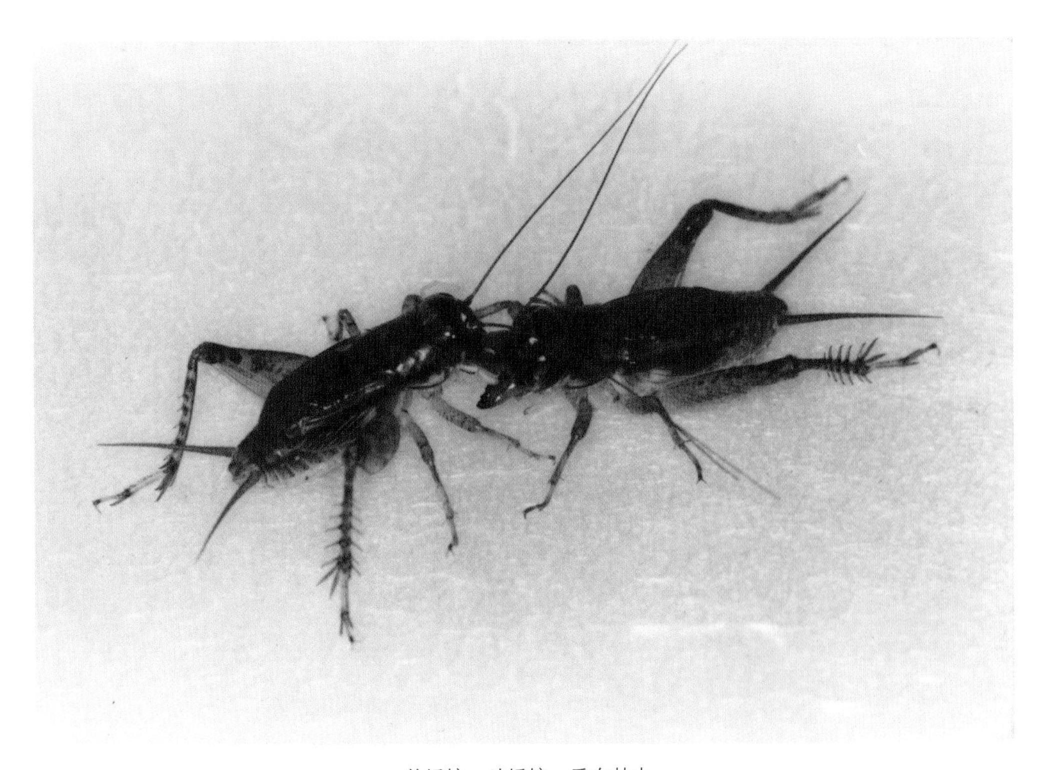

养蟋蟀，斗蟋蟀，乐在其中

你养过螳螂吗

你养过螳螂吗？这是一项既长知识，又好玩有趣的活动！

自然界中刚孵化的小螳螂

当气温稳定在20—25℃时，螳螂开始孵化，这时你到茂密的小树枝上或草丛里仔细寻找就能逮住螳螂，回家后可将螳螂置于纱笼箱内饲养，最好是雌雄一对，分开饲养，内放新鲜树枝，保持湿度。

螳螂是肉食性昆虫，你每天得从花和树枝的嫩梢上捉些蚜虫饲喂。螳螂喜爱吃活虫，要吃比它体型大的活虫，如蝉被逮住后，螳螂会边吃蝉边拉屎，消化得可快呢。据统计它能吃60多种害虫！8月，可将雌、雄螳螂放在一起交配，交配后雄螳螂就被雌螳螂吃了或自然死亡。在自然界，传说螳螂成婚交配后，雄螳螂定会被雌螳螂吃掉，其实不尽然，雄螳螂常会略施妙法，避而逃之。

到了秋天9—10月间，雌螳螂就要当“产妇”了。雌螳螂产卵真新奇：在饲养箱里的树枝上，只见它用腹部攀着粗糙的树皮，从尾端不断排泄出大量黏液涂在树枝上，随后使劲用尾尖把黏液搅拌成泡沫状，不久，泡沫便形成有规则的一个个小“房间”。在放大镜下观察，每个小“房间”旁边有扇“门”，雌螳螂便把卵产

在小“房间”里。这样的“分娩”有时要拖上2个小时才结束。泡沫冷却变硬后，形如一块坚硬的疙瘩，卵就在这牢固的“温室”里越冬了。放在解剖显微镜下观察计算，小小的卵囊中竟有一百多粒小生命呢。产卵后的雌螳螂需饮水和大量取食，有的雌螳螂2—3天即死亡，寿命长的一般能活10多天。

冬去春来，第二年夏初这些小生命开始孵化，卵囊里开始爬出了小螳螂。这时你可用毛笔刷刷饲养箱内的小树枝，使螳螂密度不致过大。小螳螂会互相残杀，强者为王，把弱小的吞食了。所以最好增加饲养容器，把它们分散后，使其各自分居。

螳螂是消灭害虫的能手，繁殖力强，容易饲养，应该善加保护。

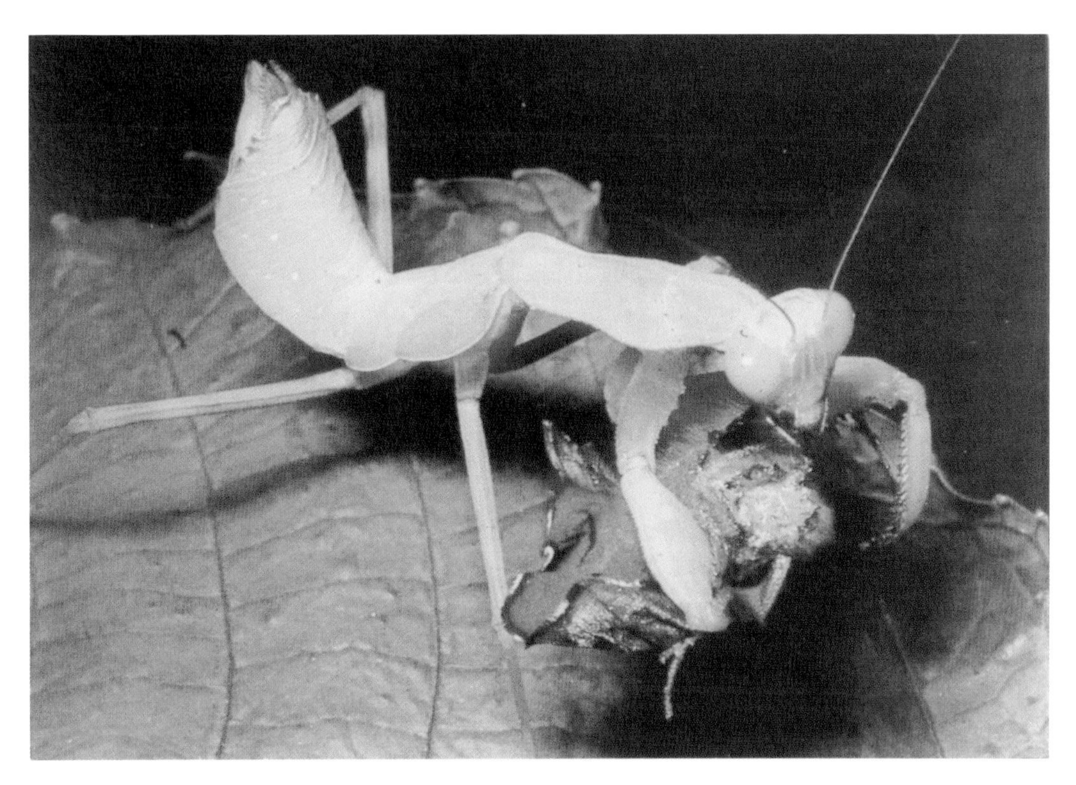

螳螂是消灭害虫的能手

后记

爱妻走了，我在孤独中才知道出入人间仅需一口气，却伴随着难以忘怀的、长长的、深深的情，我热泪盈眶，暗泣断肠。

她回望人间，最后一眼只是落在我身上，叮嘱我莫悲伤，化悲伤为能量，把以前没有做完的文字残稿，以及那些已发表的文章，补阙整理，重振心态，继续把路走下去。

于是在凄凉而沉痛的思念中，我把发表在各大报纸、杂志、综目中的文章翻了出来。这是她缠绵病榻之时为我搜集、剪辑、编排在一张张的白纸上，又分类编目供我有序地查改的，计算下来有 200 篇之多，予以重新出版。

在此，为了寄情已故的爱妻，谨献此书。

在此，谢谢出版社的领导、编辑出版了此书。

柳德宝

2018.1.8

图书在版编目（CIP）数据

小昆虫，大智慧 / 柳德宝著. —上海：华东师范大学出版社，2018
（生活中的生物学）
ISBN 978-7-5675-7921-7

Ⅰ. ①小…　Ⅱ. ①柳…　Ⅲ. ①昆虫学—青少年读物
Ⅳ. ①Q96-49

中国版本图书馆CIP数据核字（2018）第143346号

生活中的生物学

小昆虫，大智慧

著　　者　柳德宝
文字整理　唐　艳
责任编辑　刘　佳
特约审读　陈俊学
责任校对　张多多
版式设计　高　山
封面设计　风信子

出版发行　华东师范大学出版社
社　　址　上海市中山北路3663号　邮编 200062
网　　址　www.ecnupress.com.cn
电　　话　021-60821666　行政传真　021-62572105
客服电话　021-62865537　门市（邮购）电话　021-62869887
地　　址　上海市中山北路3663号华东师范大学校内先锋路口
网　　店　http：//hdsdcbs.tmall.com

印 刷 者　上海丽佳制版印刷有限公司
开　　本　787×1092　16开
印　　张　10.5
字　　数　95千字
版　　次　2018年10月第1版
印　　次　2018年10月第1次
书　　号　ISBN 978-7-5675-7921-7/Q·046
定　　价　52.00元

出 版 人　王　焰

（如发现本版图书有印订质量问题，请寄回本社客服中心调换或电话021-62865537联系）